KMDD 교수학습법

청소년의
도덕 역량 키우기

마르티나 라이니케 · 박균열

KMDD 교수학습법

청소년의 도덕 역량 키우기

초판 인쇄 2019년 4월 22일
초판 발행 2019년 4월 25일

지은이 마르티나 라이니케 · 박균열
펴낸이 김재광
펴낸곳 솔과학
영 업 최희선
등 록 제10-140호 1997년 2월 22일
주 소 서울특별시 마포구 독막로 295번지 302호(염리동 삼부골든타워)
전 화 02)714-8655
팩 스 02)711-4656
E-mail solkwahak@hanmail.net

ISBN 979-11-87124-53-5(93390)

ⓒ 솔과학, 2019
값 17,000원

KMDD 교수학습법

청소년의 도덕 역량 키우기

마르티나 라이니케 · 박균열

솔과학

Moral
Competence
Reloaded

이 사진은 제12차 콘스탄츠 딜레마 토론법(KMDD: Konstanz Method of Dilemma-Discussion) 심포지움이 열렸던 독일의 동부 도시 켐니츠 시가의 마르크스 두상을 찍은 것이다. 뒷면 건물의 벽면에는 영어, 독일어, 불어, 러시아어로 공산당선언에 나오는 "만국의 프롤레타리아여 단결하라"는 말이 적혀 있다. 켐니츠는 작센 주에 위치해 있는데, 냉전시대에는 동독에 속해 있었으며, 1953~1989년 동안에는 칼 마르크스 시(Karl-Marx-Stadt)로 일컬어졌었다.

2018/10/11

두 저자의 모습

박균열(좌), Martina Reinicke(우)

저자 박균열(좌), KMDD 창안자 G. Lind(우)

  이 소책자는 KMDD에 대해 교육을 받은 교사들에게 도덕적·민주적 역량을 육성하기 위한 훌륭한 자료집입니다. 또한 도덕에 대해 더 많이 배우고 도덕을 육성 할 수 있는 방법을 배우려는 교사에게 유용합니다. 즉 도덕성이 단순히 선한 의도가 아니라 역량이라는 소크라테스의 중요한 통찰을 제공해주고 있습니다.

  저자들은 일상생활에서 도덕 원칙을 적용하는 것이 얼마나 어려운지 많은 사례들을 보여주고 있습니다. 도덕 원칙은 종종 서로 충돌을 일으킵니다. 우리는 우리가 하고 싶은 일을 자유롭게 하고 싶지만, 이러한 바램은 다른 사람들의 권리와 충돌할 수 있습니다. 따라서 공정한 해결책을 생각하고 다른 사람들과의 토론이 필요합니다. 도덕적 행동은 도덕적 능력, 즉 폭력이나 속임수 또는 다른 사람에게 복종하는 것이 아니라 서로 심의와 토론을 통해 자유와 정의, 협력과 같은 보편적인 도덕 원칙을 토대로 갈등과 문제상황을 풀 수 있는 능력을 필요로 합니다.

  이 책자는 도덕적 능력이 발전되어야 함을 보여 주며, 이 발전은 이 능력을 사용할 수 있는 일상생활 속의 많은 계기를 통해 촉진되어야 합니다. 불행히도 이러한 계기가 많은 어린이와 성인들에게 자주 제공되지 않고 있습니다. 따라서 학교는 KMDD와 같은 특별한 방법을 통해 그러한 기회를 제공해야 합니다. 저자들은 KMDD가 어떻게 작동하는지 설명합니다. 또한 학생들과 즐겁게 이야기할 수 있는 많은 사례들을 제공합니다. 이러한 토론은 교육자가 이 방법으로 교육을 받은 경우에만 학생의 도덕적 능력을 향상시킬 수 있습니다.

이 책자의 마지막 장은 공저자인 Martina Reinicke가 자신의 KMDD에 대한 훈련과 인증 과정에 대해 자세히 설명하고 있습니다. 독자 여러분에게 좋은 길잡이가 될 것으로 기대합니다.

또한 한국의 독자 여러분들에게 추천합니다. 공저자인 경상대학교 박균열 교수는 본인이 집필한 『도덕적 민주적 역량 어떻게 기를 것인가』(How to Teach Morality)(2018[2016])를 이미 번역 출판한 바 있습니다. 이 책은 KMDD에 대한 좋은 안내서가 될 것이라고 확신합니다.

2019년 2월
독일 콘스탄츠에서 G. Lind

* 공저의 특성을 반영하여 일부 수정, 의역한 부분이 있습니다.

이 소책자는 엄격한 학문적 소산이라기보다 도덕성 함양을 위해 학교 현장에서 유익한 아이디어를 공유하기 위해 집필되었습니다.

이 책자는 도덕성이 무엇인지, 왜 도덕적 교훈이 학교의 도덕교육에 필요한지에 대해 알려줍니다. 이로 인해 독자 여러분은 KMDD와 도덕판단역량 검사도구(MCT: Moral Competence Test)를 접하게 될 것입니다 ([부록 1] 참조).

KMDD는 도덕교육뿐만 아니라 모든 과목에 적용될 수 있다. 저자들은 정확한 자료의 출처를 제시하되 그 이론적 논의보다는 관련 개념을 언급한 이론가들을 소개하고자 합니다. 독자 여러분들은 아마도 책을 읽고 깊이 있는 생각을 더 원할 것입니다. 깊은 사색을 끝내면 인터넷 등을 통해서 광범위한 참고자료들을 찾을 수 있을 것입니다.

이 책에서는 특정 주제의 주인공으로 남성들이 등장하기는 하지만, 내용상에 있어서 남녀 성별의 치우침은 전혀 없습니다.

원래 이 책은 마르티나 라이니케 박사가 독일어로 저술한 것을 본인이 영어로 옮겼고, 이 내용을 다시 박균열 교수가 내용을 보완하면서 영어 원본과 한글본을 같이 싣게 된 것입니다. 저자들은 독일의 동부

공업도시 켐니츠에서 2018년 10월에 개최된 제12차 KMDD 심포지움에서 만나 Georg Lind 교수 등 10여 명의 학자들과 학술적인 교류의 기회를 가졌고, 그 자리에서 한국어판을 포함하여 동시에 출판을 하고자 약속하게 되었습니다. 이 책은 그 약속의 결실입니다.

이 책이 도덕교육 수업 현장에서 심층적인 토론을 원하는 교사와 청소년들에게 도덕성에 대한 숙고의 계기가 되기를 기대합니다. 이 책이 나오기까지 이론적인 자문을 해 준 G. Lind 교수와 삽화 도움을 준 독일의 Luise Halbhuber와 한국의 경상대학교 윤리교육과 김슬기 학생에게 감사의 말을 전합니다. 또한 좋은 책으로 엮어준 솔과학출판사 김재광 사장님과 디자인실 멤버들에게 사의를 표합니다.

2019년 3월
독일 켐니츠에서 **마르티나 라이니케**
대한민국 진주에서 **박균열**

목 차

1

도덕성이란 대체 무엇인가?

Moral
Competence
Reloaded

?

시작하기 전에 다음 질문에 답하십시오.

여러분은 어떤 사람이 되고 싶은가요?

(   )좋은 사람 또는 (   )나쁜 사람

우리는 위에서 제기한 질문인 "대체 도덕성은 무엇인가?"에 대해 논의해보자. 구글google에서 '도덕성'을 검색해보면 2억 6천 건 이상 조회된다. 사실 불확실성이 매우 높은 단어이다. 그 '도덕성의 정의'를 검색해 봐도 6천8백만 건이 훨씬 넘는다. 최근까지도 도덕성은 할아버지나 할머니가 사용하는 어휘에 속했다. 그런데 최근 부도덕에 대해 이야기하는 것이 유행이 되었다. 많은 사람들이 부도덕한 행위에 대해 개탄하면서 특히 거대한 불의를 강조하고자 할 때 도덕성의 부족을 얘기한다.

그림 : 경상대학교 윤리교육과 김슬기

부도덕은 은행이 그들 고객들로부터 부당한 이득을 취할 때, 대기업들이 자동차 구매자들을 속이거나 환경을 오염시킬 때, 지중해에서 난민 어린이들이 죽어가고 굶주린 자들이 세계 도처에 있을 때에도 존재한다.

우리는 도덕성이 명확히 무엇인지를 잘 모르면서도 학교교육에서 오랫동안 정의justice와 같은 개념으로 혼용하고 있다.

"도덕성을 어떻게 가르칠 수 있는가?"

그림 : Luise Halbhuber

　도덕성과 함께 다루어야 할 주제들은 윤리와 종교이다. 이와 같은 사실은 독일의 학교 교육과정을 확인해보면 잘 알 수 있다.

　학생들의 과제는 도덕적 판단 능력, 윤리적 담화 능력, 그리고 관용을 얻는 것이다. 우리는 교육과정을 통해 학생들이 관찰하고, 숙고하고, 판단하고, 비판하고, 이런 과정을 통해서 획득된 지식을 실제 생활에 적용할 수 있기를 기대한다. 또한 우리는 학생들이 헌법의 가치에 헌신하도록 기대한다.

　하지만 도덕성에 대한 지식은 진정으로 필요한 것은 아니다. 명확한 것은 거의 대부분의 사람들이 나쁘게 살려고 하지 않을지라도 착하게 산다는 것은 일상생활에서 부차적인 역할을 한다는 사실이다.

　도덕성의 기본적인 것이 더 중요하다. 어떤 제품을 누가 어디서 구매했는지 진정으로 궁금해 할까? 또 누가 친하지 않은 이웃이 어떻게 사는지를 궁금해 할까? 오히려 그들은 여러분을 혼자 내버려두는 것을 더 좋아할 것이다. 과거 주변 사람들로부터 왕따를 당한 학생들은 왜 스스로 다른 사람들을 배척하려고 할까? 얼마나 많은 사람들이 그들 자녀들이 학교에서 실제로 어떤 생활을 하는지 알고 있을까? 개인적인 문제들은 종종 우리들을 무관심하게 하거나 방관하게 하고 경솔하게 하고 겉돌게 한다. 얼핏 "도덕적이지도 도덕적이지 않은 것도 아닌 것"은 현대의 각종 미디어와 소셜네트워크에 의해 촉진되고 있다. 이러한 매체들은 많은 경우 그러하고 또 정확하기도 하고, 정상적이며 또한 도덕적이기도 하다.

도덕성이라는 단어에 좀 더 다가가기 위해서는 비정상, 극단, 아주 예외적인 자료들을 사용할 필요가 있다. 다음에 제시하는 자료들을 참고해보자.

도덕적 딜레마 사례 1

최근에 독일 적십자 연수 과정을 마치고 응급 상황시 대처 방법에 대해 알고 있다고 가정 해 보자. 시어머니가 주말에 잔디를 깎는 일을 돕는 동안 옆집 정원에서 울음소리가 갑자기 들린다. 나쁜 일이 있었음에 틀림없다는 것을 이해 할 수 있다. 정원으로 급히 달려가서 보니 이웃 사람의 아들이 전지剪枝 가위에 심하게 다쳤다. 옆집 아이는 피범벅이 되어 있었다. 가능한 한 빨리 압력 붕대를 감아서 지압을 해야만 한다. 그러나 옆집 아들이 AIDS에 감염된 사실도 알고 있었다. 하지만 보호 장갑을 찾을 수 없었고, 내가 아무 것도 하지 않으면 그는 피를 흘리며 죽게 될 것이다(Georg Lind, 2009).

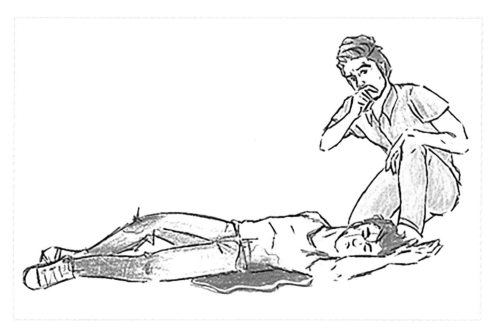

여러분은 이 상황에서 어떻게 해야 할까? 그리고 왜 해야 할까? 여기서 "왜"라고 하는 질문에 대한 대답은 "실제로 도덕성이란 무엇인가?"에 대한 답의 절반을 나타내고 있다. 여러분은 옳은 일을 행하고 있다는 것을 스스로 믿게 될 때, 자기 자신이 무엇을 지향하며 여러분에게 무엇이 중요한지를 깨닫게 될 것이다. 그것은 여러분이 정말로 하고 싶었던 것인가? 아니면 여러분이 그런 일을 하지 못하도록 막는 어떤 것이 있었는가? 가령 나쁜 양심을 갖고 있었는가?

도덕적 딜레마 사례 2

다음과 같은 경우는 어떨까?

주인공 나나Nina와 마크Mark는 오랫동안 임신을 위해 노력하고 있다. 세 번의 자연유산과 체외 수정이 실패한 후에 대리모 제도가 허용되는 인도에 가서 가난한 인도 여성에게 돈을 주며 대리모 역할을 해줄 것

을 요청한다. 그리하여 인도의 한 여성이 대리모가 된다. 입양은 주인
공의 선택 사항이 아니다. 주인공은 자신의 아이를 꼭 갖고 싶다.

그림 : 경상대학교 윤리교육과 김슬기

　이 내용은 Andreas Kleinert가 감독한 『몬순 베이비Monsoon Baby』
라고 하는 영화에 나오는 장면이다. 여러분이 주인공의 입장이라면 어
떤 선택을 하겠는가? 아이를 갖기 위해 대리모를 선택할 것인가 그렇
게 하지 않을 것인가?

　우리가 대리모를 선택한다고 가정해보자. 게이 또는 레즈비언 커플

은 이러한 권리를 가질 수 있는가? 그리고 여러분 자신과 다른 사람들 앞에서 어떻게 여러분의 결정을 정당화할 수 있겠는가? 여러분의 이 결정은 정말로 최상의 결정이었는가?

우리는 여러분이 그렇게 결정하게 만든 이유에 대해 오랜 토론이 필요하다. 그러나 한 가지는 확실하다. 우리가 선을 행하기를 원하였지만, 때로는 그 반대의 경우, 즉 죄책감, 양심의 가책이나 피할 수 없는 결과로 인해 인생의 쓴 맛을 느끼게 될 수도 있다는 사실이다. 때때로 우리는 단순히 우리가 하고 싶은 일을 하지 못할 수도 있다. 큰 관심에도 불구하고, 종종 우리는 선을 행할 수 없다. 이것은 매우 흥미롭다. 우리 중 대부분은 부도덕한 행위를 비난하며, 아무도 자의적으로 나쁜 사람이 되기를 원하지 않지만, 지금 우리가 그러한 일을 자행할 입장에 놓이게 되었다. 나는 우리 중 대부분이 그것에 반대할 것이라고 확신한다.

플라톤의 대화편 『메논Meno: 78a-78b』에서 소크라테스와 메논은 다음과 같은 담화를 나눈다.

소크라테스: 그렇다면, 메논, 아무도 나쁜 것들을 원하지는 않네. 그런 사람이기를 원하지 않는 한은 말일세. 나쁜 것들을 욕구하고 획득한다는 것이 불쌍한 게 아니고 무엇이겠나?

메논: 진실을 말씀하시는 것 같습니다. 소크라테스님! 또한 아무도 나쁜 것들을 원하지는 않을 것 같습니다.

소크라테스: 그러니까 방금 자네는 (사람으로서의) 훌륭함(덕)을 좋은 것들을 원함이며 할 수 있음이라고 말하지 않았는가?

메논: 실상 그리 말했죠.

소크라테스: 그런데 자네가 한 말 중에서 원한다는 것은 모두에게 해당되는 것이고, 이 점에 있어서는 어느 누구도 다른 사람보다 조금도 더 나을 게 없지 않은가?

메논: 그런 것 같습니다.

소크라테스: 하지만 누군가가 다른 사람보다 정녕 더 낫다면, 할 수 있다는 점에서일 것이라는 건 명백하네.

메논: 물론입니다.

소크라테스: 그렇다면, 자네의 주장에 따른 훌륭함은 곧 좋은 것들을 획득하는 능력인 것 같은데.

바꾸어 말하면, 어려운 상황과 아무도 옳고 그른 것을 단순히 말할 수없는 상황에서, 우리가 하고 싶은 일은 우리가 실제로 할 수 있는 일과는 거리가 먼 경우가 많다.

그림 : Luise Halbhuber

도덕성이란 옳음과 좋음을 희구하는 것과 그것을 행하는 것 양자 모두를 포함함.

2

우리는 어디로부터
도덕성을 얻게 되는가?

Moral
Competence
Reloaded

?

　선을 행하고자 하는 욕구는 소크라테스 식의 아이디어일뿐만 아니라 사실이기도 하다. 왜냐하면 그것은 오랫동안 실제로 이루어져 왔고, 소크라테스도 그와 같은 말을 했기 때문이다. 그러나 그것은 매우 논쟁적이다. 캐나다와 미국의 연구원은 실험적으로 도덕적 규약moral code과 같은 것이 선천적으로 있다(Luhmann, 1987)는 사실을 증명하였다(Bloom, 2013).

　아주 어린 아이조차도 선과 악의 감각과 그 이상의 것들도 가지고 있다. 직관적으로 어린 아이들은 선을 우선시한다. "도덕성은 단지 사람들이 배우는 것만이 아니라 우리 모두가 갖고 태어난다. 출생 때부터 아기는 동정심과 공감과 공정함을 느낄 수 있다."(Bloom, 2013)

　지금까지 어느 정도 도덕성에 대해 잘 언급한 것 같다. 하지만 그 후에는 무슨 일이 일어날까? 왜 이 도덕성의 감각을 우리 중 일부는 잃어버리지만 또 다른 사람들은 잃어버리지 않는 것일까? 대답은 비교적 간단하다. 도덕적인 규약을 근육이라고 생각하면 된다(Richter, 2014).

　모든 근육은 두 가지 가능성을 갖고 있다. 근육을 기르기 위해서는 근육운동을 하는가 아니면 안하는가의 여부에 달려있다. 여러분이 그것을 하는지의 여부는 처음에는 부모님에게 책임이 있고, 그 다음에는 학교의 책임이다. 그러나 그것은 또한 여러분 주위에 있는 친구들과 동료들에게 달려 있다. 그리고 그것은 우리가 살고 있는 사회에 달려 있기도 하다. 이러한 모든 영향으로 우리는 도덕적 역량을 형성하게 된다.

그러나 우리의 독특한 도덕성 발달(Kohlberg, 1995)은 우리의 개인적 전제 조건, 특히 우리의 정신적(Piaget, 1973), 심리적, 유전적 조건에 달려 있다. 어린 아이는 아직 복잡한 도덕적 문제를 해결할 수 없으며 다른 사람들과 공감할 수도 없다. 청소년은 다른 사람들에 대해 고려를 잘 하지 않으며(Keller, 1992, 2005), 성인조차도 나중에 후회하게 될 결정을 내리곤 한다. 그리고 어느 정도 우리의 도덕적 역량은 각각 도덕적 행동과 부도덕 한 행동을 할 때 우리가 느끼는 방식에 달려 있다(Hoffmann, 2000). 우리가 기분이 좋다고 느끼거나 아니면 바보 같은 느낌을 받는지 등에 따라서 말이다.

그럴 수 있듯이, 우리 모두는 선을 행하고 선을 행하는 사람들을 좋아하는 태초의 속성을 가지고 있다고 말한다. 어쩌면 이 기본적인 인간의 양심은 많은 사람들이 삶을 시작하는 첫 달에 사라지는 반사 작용 중 하나 일 뿐인지도 모른다. 흥미로운 것은 반추 신경의 대부분은 사라지지만 반드시 내면의 목소리는 아니다. 그럼에도 불구하고 사라지면 나중에 다시 부활시킬 수 있을까?

한 가지 확실한 것이 있다. 우리가 그 존재를 알고 있는 근육이나 내면 반추하는 우리가 어떻게 인지하고 있는지를 설명해주는 데 필요하다. 이것은 도덕의 요지가 두 가지 측면에 놓여 있는 곳이다. 하나는 도덕성을 어떻게 교육할 것인지와 다른 하나는 왜 교육해야 하는가이다.

3

도덕성은 중요한가?

Moral
Competence
Reloaded

?

도덕성이 중요한지에 대한 실제 질문은 다른 것이다. 도덕적이기 위해서 현존의 규범을 고수하는 것만으로도 충분하지 않을까? 우리는 어느 정도까지 그렇다고 생각한다. 실제로 나사렛 예수는 너무도 많은 해야 할 것과 하지 말아야 할 것들이 거의 이해할 수 없다는 점을 지적한 바 있으며, 그러한 것들에 집착하게 되면 모든 것들이 제대로 되어 있다는 아무런 보장이 없다는 점을 강조했다.

예수 그리스도의 구체적인 예로는 안식일에 손 마른 자를 고치신 행적(마태12:9-14, 마르코3:1-6, 루카6:6-11), 안식일에 꼬부라진 여인을 고치신 행적(루카13:10-17), 마르다와 마리아의 일화(루카10:38-42) 등이 있다.

예수의 생각은 더 높은 권위에 기대지 않을지라도 모든 상황에 적용할 수 있는 보편적인 규칙이다.

현재의 사회적 상황을 한번 살펴보자. 누가 아직도 이 황금률을 알고 있으며, 누가 그것을 자발적으로 지킬 것인가? 첫 눈에 보이는 것처럼 이 규칙은 실제로 좋은 것인가?

다음과 같은 속담과 성경구절을 생각해보자.

　　"다른 사람들이 네게 하기를 바라는 것처럼 네가 다른 사람들
　　에게 해라." (속담)

또는

　　"당신이 대우받기를 원하는 것처럼 모든 사람들에게도 같은
　　방식으로 대우하라."(룩 6: 31)

그러면 칸트는 어떤 생각을 할까? 칸트에 의하면, 우리는 절대적으
로 선을 원할 것이고 따라서 우리의 감정을 고려하지 않고 우리의 의
지의 덕대로 선을 행할 것이다. 좋은 계획이지만 항상 효과가 있는 것
은 아니다. 우리는 앞으로 나아가야겠다는 추진력과 요구사항들을 가
진 존재들을 생각하고 느끼고 있다. 한 번 금연을 하거나 다이어트 시
도한 사람들은 비록 우리가 진짜로 우리 자신을 위해 가장 필요한 것
일지라도, 우리 자신이 실행하기 위해 우리의 추진력을 통제하는 것이
얼마나 어려운지 알고 있다. 예컨대 가난한 사람들에게는 다른 방법이
아니라 그들을 관대하게 생각하여 그들에게 가장 알맞은 도움을 줘야
한다.

　어떤 경우에는 이것은 우리 계획대로 되지 않을 수도 있고 심지어 부정적인 결과를 초래할 수도 있다. 다른 사람들에게 선행을 원한다면, 우리 사회에서 여러분은 종종 바보가 되는 경우가 없었는가? 비록 우리 헌법에 인권이 규정되어 있다고 하더라도 모든 규칙이 보편적이지만 악용당할 수 있다는 사실은 말할 필요도 없다. 이 지구상에서 대체 어떤 것이 디 높은 권위의 이름이리라면 모두가 가능하겠는가?

　그리고 비록 우리가 당연히 위에서 언급 한 최신 연구 결과에 따라 선을 선호하지만, 행복하고 정당한 삶의 이상은 우리 모두에게 내재되어 있다. 그럼에도 우리는 가끔 부당하게 행동하곤 한다. 우리의 이상과 실현 가능한 것은 다소 세상과 별개로 존재한다. 우리를 매우 불행하게 만들 수 있는 것은 바로 분열이다.

이제 분열이 어떻게 발생했는지에 대한 질문이 생긴다. 우리는 왜 우리의 의지에 따라 행동 할 수 없는가? 얼핏 종종 다른 사람의 잘못으로 그 원인을 돌리는 경우가 있다. 그러나 자세히 보면 문제는 상당히 달라 보인다. 매우 특이한 상황 속에서 우리가 어떤 행동할 것인지 다시 생각해보자.

도덕적 딜레마 사례 3

조나스는 최근에 대형 은행에서 일하기 시작했다. 다른 모든 사람들처럼 그는 그의 상사를 존경한다. 그의 상사는 투자의 거장으로서의 명성을 얻고 있다. 그의 많은 거래과정은 최고 경영자가 이해하지 못하는 경우가 있었다. 그는 위험하지만 종종 수백만 달러의 성공적 거래를 성사시킨 적도 있다.

그림 : Luise Halbhuber

어느 날, 조나스는 거래과정에서 정상적이지 않은 경우를 발견한다. 그는 이 일에 대해 상사를 직접 대면해서, 이렇게 되면 많은 사람들이 큰 돈을 챙기게 될 것이라고 보고했다. 상사는 조나스에게 다른 사람에게 비밀로 한다는 전제하에 어떤 일인지를 말했다. 조나스는 어떻게 해야 할지 곰곰이 생각했다. 그날 밤 조나스는 깊은 고민으로 잠을 제대로 잘 수가 없었다.

조나스는 어떻게 해야 할까요? 그는 상사의 의견을 따라야 할까? 아니면 이사회에 보고해야 할까? 여러분이 생각하기에 사건을 숨기는 것이 옳은가? 조나스가 이사회에 보고했다고 가정해 보자. 정말 그게 최선의 일인가? 여러분이라면 어떻게 하는 것이 좋을가?

도덕적 딜레마 사례 4

아네마리에게는 29세의 아들이 있다. 그녀는 걱정이 많다. 그의 아들은 중학교를 졸업하고 난 직후에 오토바이 사고로 아주 심각한 뇌 손상을 입어서 목이 마비된 상태이다. 그는 심지어 말을 할 수도 없다. 그는 눈으로만 대화한다. 꽤 많은 시간 동안 그의 눈은 말하고 있다. "엄마, 도와주세요, 나는 더 이상 이렇게 살 수 없어요." 아네마리는 항상 그녀의 아들에게 도움이 되기를 바랐지만 의사들은 희망이 없다고 말한다. 아네마리는 "내가 아들의 죽음을 도울 것인가?"에 대해 오랫동안 고민해야만 했다. 그런 다음 그녀는 아들의 생명에 치명적인 칵테일을 투어하기로 결정한다.

여러분은 아네마리의 이러한 결정을 이해할 수 있는가? 그런 상황에서 안락사를 거부하는 사람들을 이해할 수 있는가? 여러분이 적절한 결정을 했음에도 불구하고 반대편의 의견을 수용할 의사가 있는가? 다른 사람의 제안이 더 나은 방안이라면, 여러분은 그것을 인정할 수 있는가? 여러분은 왜 다른 사람의 논쟁이 옳은지 그른지에 대해 생각해야 하는지 알고 있는가?

도덕적 딜레마 사례 5

여러분은 대기업의 엔지니어로 일하고 있다. 여러분은 팀이 제품을 조작하여 고객의 신뢰를 악용한다는 것을 알게 되었다.

그림 : Luise Halbhuber

여러분이 직장을 잃을 수도 있는데, 이 일을 공개적으로 발설할 것인가?

도덕적 딜레마 사례 6

　대기업인 대형 자동차 제조업체는 비용 상의 이유로 납품 업체들과의 계약을 해지하려고 한다. 그 납품 업체들은 파산 위협을 받게 된다. 이에 항의하여 그들은 기존 계약 이행을 중단하게 된다.

그림 : 경상대학교 윤리교육과 김슬기

　결과적으로 자동차 생산의 상당 부분이 절름발이가 된다. 이는 3만 명의 직원이 기간 동안 실직을 해서 생활을 제대로 하지 못하는 전형적인 교착 상태라고 할 수 있다. 침묵을 유지하거나 항의하는 데모에 동참하는 것 중 어느 것을 택할 것인가? 그리고 그렇게 하려는 이유는 무엇인가?

도덕적 딜레마 사례 7

만약 여러분이 큰 학교의 교장이었다고 가정해보자. 이 사례는 여러분 중 일부에게 적용될 수도 있을 것이다. 그 학교에는 여러 명의 장애 학생들이 있다. 정신장애, 지체장애, 일부 학생들은 모국어를 말하지 못하는 경우도 있고, 또 다른 학생들은 학습에 어려움을 겪고 있으며, 또 일부는 둘 다의 문제를 안고 있다. 여러분은 교장으로서 어떤 조치를 할 것인가? 대다수 학생들의 학습권을 위해 장애 학생들을 위한 어떤 조치를 내릴 것인가 아니면 관련된 모든 사람들과 대화를 통해 온 힘을 다해 해법을 모색할 것인가?

폭력, 권력 또는 기만 수단을 사용하지 않고 여러분의 의견을 공개적으로 표현할 수 있다면, 도덕적으로 유능한 사람이라고 생각할 수 있다.

그렇게 되면, 여러분은 "폭력, 기만과 권력보다는 사고와 담론에 의한 보편적인 도덕적 원칙에 근거한 갈등 해소 능력"을 갖게 될 것이다 (Lind, 2016).

그림 : Luise Halbhuber

우리는 현재로서는 아직 알지 못하는 문제, 즉 미래의 문제로 인해 더욱 어려운 문제에 봉착하게 될 수 있다. 실제 어떤 의미가 있을지 국경을 없다고 가정하고 생각해보자.

또는 여러분은 전혀 다른 주제를 접하게 될지도 모른다. 미래의 자녀를 유전자 풀에서 구성할 수 있다면, 여러분은 무엇을 선택하겠는가? 여러분이 얼마나 오래 살고 싶은지 결정할 수 있다면 어느 경우에도 욕망은 끝이 없을 것이다. 가상공간에서만 의사소통이 이루어진다면 어떻게 오프라인에서 행동해야 할까? 비록 그 음식 값이 싸고 또한 매우 건강에 좋지 않다는 것을 잘 알고 있지만, 여러분의 가족을 위해 유전자 조작 식품을 구입할 것인가? 근무방식이 바뀌어 기초 생계밖에 할 수 없는 수입을 받으면서도 출근을 계속할 것인가?

우리 사회는 급속하게 발전하고 있다. 저렴한 스마트 폰은 10년 이상을 사용할 수 없고, 월드 와이드 웹www은 벌써 구식이 되었고, 페이스 북이 통용된 것은 2004년 이후부터였다. 그리고 10년 후 이러한 기술들은 다시 역사적 유물로 남게 될 것이다. 여전히 우리는 여전히 스마트 콘텍트 렌즈나 날라 다니는 스케이트 보드나 꿈 녹음기와 같은 기기를 사용하지 못하고 있다. 그리고 차는 여전히 길 위에서 달리고 있다. 교통 체증 중에도 자동 표시 장치를 통해 다른 운전자와 통신하지 않고 직접 수화로 의사소통을 하고 있다. 그리고 우리 아이들은 인터넷을 통한 온라인 교육을 하는 것이 아니라 여전히 학교에서 배우고 있다(Pearson, 2013; Kaku, 2013; Welzer, 2016; Kruse, 2004).

여러분은 사이버 공격을 당했을 때 어떻게 해야 할지 알고 있는가? 어떤 것도 더 이상 작동하지 않는 경우, 예컨대 ATM도 작동하지 않고, 전자 장치도 작동하지 않고, 물 공급도 없을 경우, 여러분은 다른 곳으로 도망갈 것인지 아니면 불편을 감수하고 그 자리에서 그대로 머무를 것인가?

이러한 예들은 미래에 상상할 수 있는 시나리오이다.

어떻게 생각하는가? 이러한 미래 지향적인 갈등을 공정한 태도로 내면의 인식을 바탕으로 다룰 수 있겠는가? 즉 우리 모두는 실제로 우리의 나이가 얼마나 많은지와 무관하게, 또 우리가 규범에 부합하든 그렇지 않든, 우리가 원주민이든 외국인이든 간에 원칙에 바탕을 두고 이러한 문제들을 호의적으로 다룰 수 있겠는가?

만약 여러분들이 지금 당장 그 해답을 분명히 하지 않는다고 해도 크게 신경 쓰지 않아도 된다. 하지만 여러분은 다른 사람들과 함께 그 해법을 찾을 필요가 있다.

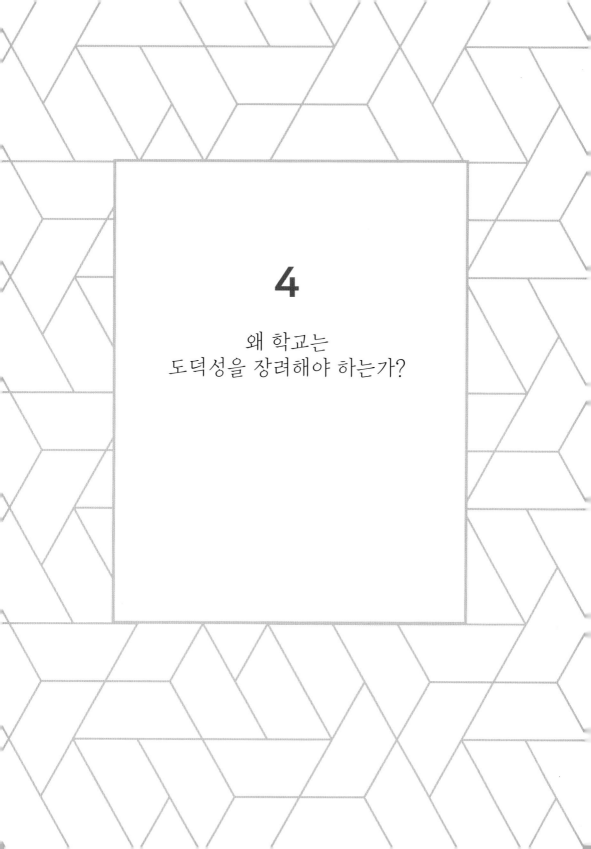

4

왜 학교는
도덕성을 장려해야 하는가?

Moral
Competence
Reloaded

?

　일석이조라는 말이 있다. 즉 하나의 돌로 두 마리의 새를 죽일 수 있다. 미래가 가져올 것이 무엇인지 모른 채 현재와 미래 모두를 구체화할 방법을 배울 수 있다.

　가정을 제외하고 그 어떤 곳에서 학교에서보다 더 잘 배울 수 있을까? 학습의 장소인 학교는 여러 사람들과 동료가 함께 모이는 결코 과소평가될 수 없는 사회적 공간이다. 따라서 학교는 다른 사람들과 교류할 수 있는 좋은 기회의 장소이다. 엄밀히 말하면, 학교는 어린이와 청소년들이 민주주의를 배울 수 있는 유일한 곳이다. 민주주의 사회에 살고 있는 사람들은 그것을 어떻게 실천해야 하는지를 알아야 한다.

　또한, 학교는 다른 과거를 갖고 있는, 다른 전제 조건, 즉 문화적 배경 및 기타 기능을 가진 사람들이 서로 만나는 중요한 장소이다. 통합이라는 슬로건 아래에서 이러한 다른 사람들을 모으려는 현재의 노력은 사회적 요구 사항을 충족시킬 수 있는 유일한 방법이다.

그러나 하나의 규범에 따라 다양성을 하나로 묶으려는 시도로서의 통합 조치는 조만간 실패로 끝날 것이다.

그런데 내포內包, inclusion는 통합과 다르다. 만약 여러분이 참여하고 싶으면 대다수의 사회적 및 문화적 규범을 준수해야만 한다. 이것은 사실 민주주의와는 거의 관련이 없다. 다른 한편으로, 내포는 다양성을 의미한다. 이 다양성은 모든 사람들이 놀이, 학습 및 생활에 필요한 수단에 접근할 수 있는 방식으로 그들의 요구를 충족시킬 수 있도록 하는 근본적이면서도 중요한 사실이다.

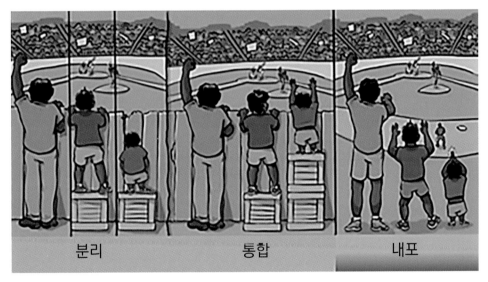

그림 : Angus Maguire

이러한 열망에는 첨예한 갈등 가능성이 내재되어 있다. 오늘날 우리가 사는 사회와 같이 빠르게 진행되고 디지털화되어 있는 다원적인 사회에서 내포는 그러한 갈등을 해결할 수 있는 유일한 실행 가능한 접근법이다.

따라서 내포는 모든 사람들의 다양성과 동등한 참여를 향한 긍정적인 태도를 요구한다. 내포는 또 다른 내포를 실행에 옮길 수 있는 모든 당사자들의 능력을 필요로 한다. 내포는 끊임없는 분쟁 해결의 진행 과정이다. 사실 내포의 여정은 보상이다. 즉, 학생과 교사, 직원과 고용주, 의사와 환자, 기업가와 고객은 다양성과 평등의 권리로부터 파생되는 갈등을 해결해야 한다는 것을 의미한다. 그리고 가장 중요한 것은 당사자 모두가 이러한 갈등을 해결하기 위해 적합한 위치에 놓여야 한다는 것이다.

만약 우리가 "사고와 담론으로 보편적인 도덕 원칙을 바탕으로 갈등을 해결하지 못한다면"(Lind, 2015), 권위주의 구조, 다원적 무시pluralistic ignorance(Lind, 1995), 방관자 효과, 침묵의 나선, 집단적 억압, 심지어 급진주의와 다른 형태의 권력, 사기 또는 자기기만, 폭력(자신에 대한 폭력도 포함)이 난무하게 될 것이다.

이것이 왜 성공적인 포용이 폭력에 대한 최선의 구제방안이라고 생각하는 이유이다.

도덕적 딜레마를 활용한 윤리 강좌의 주요 장면은 다음과 같다. 우선 토론수업은 학생들을 이방인 취급을 하지 않는다. 갑자기 한 학생이 와서 "나는 우리 모두가 너무 다르다고 생각한다"고 말하면, 다른 학생은 "그래, 결국 뭔가가 생기면 공정하게 함께 해결하자"라고 말하는 방식이다.

만약 이 학교의 주된 목표를 지식의 최대한의 축적으로, 몇 시간 동안 주입식으로 사실을 가르치고, 현재는 최신의 지식이지만 내일이면 사장되는 지식을 가르치는 경우, 학교에서 갈등을 공정하게 해결할 수 없다. 이러한 종류의 교육은 지속가능하지 않다. 인생 후반에 어떤 종류의 문제를 해결하거나 적어도 어려움에 쉽게 대처하는 데 도움이 되는 기술을 습득하는 것이 더 중요하다. 우리는 이것을 "삶을 위한 배움"learning for life이라고 부른다. 우리 학생들은 학교를 그만두고 몇 년이 지났지만 여전히 행복하고 성숙한 삶을 영위할 수 있는 기술을 필요로 한다. "아는 것"은 하나의 것이지만 "암묵적 지식"tacit knowledge(Polanyi, 1966)은 하나 이상의 것이다. 암묵적 지식이 인생에서 절대적으로 중요하지만, 요즘 학교 수업에서는 거의 이러한 지식을 중요시하지 하지 못하고 있다. 암묵적 지식은 내면화되어야 하는 지식이다. 그것은 적응이 요구되며 우리는 대부분 그것을 제대로 인식하지 못한다.

예를 들어 자동차 운전을 생각해보자. 운전을 배우는 학원에서, 우리는 때로는 방향전환에 가장 적합한 기어가 있다. 운전을 위해서는 그것이 무엇인지 기억하기 위해 많은 노력을 해야 한다. 그렇게 되면 이것은 더 이상 어렵지 않게 되었다.

오늘날 수년간의 운전 경험과 더불어, 운전 면허증을 얻으려고 하는 우리의 자녀들이 어떤 상황에서는 어떤 규칙을 배워야 하는지를 생각하도록 권유해야 한다. 하지만 그들이 자동차를 운전할 수 있을 때는 그것에 대해 생각할 필요가 없다.

이 기술은 순전히 사실적인 지식보다 훨씬 더 많이 구성적이다. 자동차 운전 면허 시험에 나오는 엔진의 내부 구조를 아직도 알고 있는가? 솔직히 잊어 버렸다. 그럼에도 불구하고, 우리는 자동차를 운전하는 방법을 알고 있다. 우리는 어떤 상황에서도 이 능력을 적용할 수 있으며 책임감 있는 방식으로 운전할 수 있다.

일반적으로 도로교통 규정은 도로에 적용되며, 그 규정을 위반했을 경우 상당한 벌금이 부과된다. 예를 들면, 일부 사람들은 무모하게 운전하여 준수해야 할 규정의 첫 번째 구절조차 잊어버릴 수도 있다. 하지만 대부분의 이전 학생들은 도로교통 규칙이나 규제 없이 운전할 수 있다는 것을 확신한다.

그림 : Luise Halbhuber

이 자동화된 지식은 삶의 많은 분야에서 중요하다. 특히 다른 사람들을 상대할 때뿐만 아니라 자신의 삶과 연관해서 생각할 때도 여전히 중요하다.

5

도덕성은 가르칠 수 있는가?

Moral
Competence
Reloaded

?

도덕성은 가르칠 수 있는가? 그 대답은 "예"이다(Lind, 2009).

이 장은 도덕성을 분명히 가르쳐주는 방법을 제시하고자 한다. 이 방법은 수업, 일, 여가 및 가족과 같은 모든 분야로 확실히 전이 될 수 있다. 따라서 여러분은 창의적이어야 한다.

KMDD는 G. Lind 교수가 20여년 동안의 연구에 의해 개발되었다. 이 방법은 하버마스(Habermas, 1976, 1981, 1983)와 아펠(Apel, 1988)의 의사소통 윤리에 근거하고 있으며, 린드 교수가 명명한 도덕 교육과 도덕성 발달의 이중측면이론(dual aspect theory)에 근거하고 있다.

그림 : 경상대학교 윤리교육과 김슬기

　　언뜻 보기에 KMDD는 9단계로 진행되는 토론의 형태로 보인다([부
록 2] 참조). 그러나 더 자세히 살펴볼 때 더 많은 단계로 구성된다. 이
것은 기존의 다른 교수학습방법과 확연히 다른 점이다([부록 3] [부록
4] 참조).

6

KMDD에서
교사의 역할은 미미하다.

Moral
Competence
Reloaded

KMDD 세션에 참석한 사람은 누구나 이런 형태의 토론에서 교사의 역할에 즉시 깊은 인상을 받는다. 왜냐하면 교사의 역할은 거의 없기 때문이다. 이 방법은 교사가 신경을 쓰지도 힘을 쓰지도 않으면서 학생들로부터 존경을 얻게 되는 효과가 있다.

그것에는 절대적 마법이라는 것이 없다. 기대와 달리 교사는 처음에는 거의 불가능한 것처럼 보이던 역할을 해낸다. 교사는 전지전능하지 않으며 단지 전문가적인 안목을 가진 학생 역할을 할 뿐이다.

그렇다! 이것은 우리가 갓 대학을 졸업했을 때 필요한 것들이다. 그러나 KMDD 수업에서 교사의 임무는 학생들이 지루함을 느끼거나 무미건조한 방식으로 지식을 전수하지 않는다. KMDD 교사의 역할은 이전의 다른 수업과는 다른 것이다.

학생들은 흥미롭기는 하나 해결하기 어려운 마치 "깨트려먹기 위한 호두"가 주어지게 된다.

학생들은 문제에 직면해서 그들 자신의 개성을 나타낼 때 다른 사람들에게 공정한 태도를 취하는 것이 좋다. 학생들의 관심이 적중할 때만 KMDD 교수학습법은 성공할 수 있다. 그렇게 되면 흥미 진진 해지고 교육 효과는 두 배로 증가하게 될 것이다. 여러분은 처음부터 재미있는 이야기로 시작하게 될 것이다.

7

학생들을 위한
도덕적 딜레마 이야기 개발

Moral
Competence
Reloaded

도덕적 딜레마를 활용한 KMDD는 다양하고 까다로운 이야기 제작 원칙을 요구한다. 이야기는 짧아야 하며 학생들에게 흥미롭고 까다로운 도덕적 문제를 구현할 수 있도록 해줘야 한다. 이야기의 주인공은 문제를 해결할 수 있는 두 가지 옵션이 있다. 하지만 두 가지 선택지밖에 없다는 사실은 주인공의 내적 자아가 어떻든 맞서 싸워야 하기 때문에 나쁜 일이다. 주인공이 무엇을 하든지 상관없이 어떤 결정을 한다고 하더라도 결코 마냥 행복할 수는 없다([부록 5] 참조).

도덕적 딜레마 이야기는 학생들이 필수적으로 공감해야한다. 가능하다면 거의 모든 사람들이 공감할 수 있도록 이야기를 작성해야 한다. 학생들의 감정 표출이 명확하게 무엇을 의미하는지에 대해 누구나 공감하도록 만들어져야 한다. 그렇지 않으면 지루해서 아마도 학생들에게 토론할 가치가 없는 이야기에 지나지 않게 될 것이다.

자 그 이야기를 이제 만들어 보자. 짧은 딜레마 이야기를 만들고 그것을 학생들에게 소개한다. 학생들에게 이야기 속의 문제가 무엇인지를 물어본다. 이러한 일을 할 때 교사는 반드시 도덕교사일 필요는 없다. 모든 주제에서 그런 이야기를 사용할 수 있다.

도덕적 문제는 비즈니스, 환경, 생물학, 예술, 과학 및 법률, 정치, 가족, 심지어 수학과 스포츠 등의 분야에서도 적용된다. 학생들과의 대화가 바로 시작되고 학생들이 실제로 얼마나 문제가 많은지 알게 될 것이다.

그러나 조심해야 한다. 여러분의 이야기는 감동을 주어야하지만, 감정을 너무 고조시켜서는 안 된다. 잘 알려진 것처럼 불쾌한 호르몬 칵테일 요법은 생각을 방해한다.

사랑에 고민하고 사랑에 열병을 앓을 때 차분하게 여러분의 상황을 이해하는 숙고의 노력을 시도한 적이 있는가? 그리고 그러한 절체절명의 상황에서 후회하지도 않고 마음 아파하지 않는 결정할 수 있는 사람은 거의 없다. 다음 이야기를 살펴보자.

크리스틴의 관찰

크리스틴은 스트레스를 엄청 받고 있다. 그녀의 하루 일과는 매우 길었다. 그녀는 여전히 쇼핑을 한 후 집에 갈 수 있었는데, 마트의 계산대에 도착하면 긴 대기 줄이 형성되어 있다. 카드 결제 시스템이 작동하지 않고, 계산대의 점원이 지불 문제를 취급하고 있는 동안 크리스틴은 주변을 둘러본다.

갑자기 그녀는 젊은 여성이 자신의 앞에 있는 고객의 배낭에 두 병의 고농도 알콜을 몰래 집어넣는 것을 보게 된다.

크리스틴은 계산원에게 그녀가 본 내용을 말해야 할지 여부를 깊이 고민하고 있다.

결국 크리스틴은 아무 말도 하지 않았다.

그림 : 경상대학교 윤리교육과 김슬기

여러분은 학생들에게 설명할 때, 학생들이 주인공의 문제, 주인공의 망설임과 결정의 문제를 깊이 고민할 수 있도록 묵상의 시간을 부여할 필요가 있다.

공인된 KMDD 교사를 수업에 초대하여 KMDD 세션을 진행하고 오랜 경험을 가진 이야기를 활용할 수 있다. 웹 주소는 아래에서 확인할 수 있다(http://www.uni-konstanz.de/ag-moral/)

여러분이 공인된 KMDD 교사가 되기를 원한다면, 그것은 불가능한 일이 아닐 것이다.

8

거대한 전투

Moral
Competence
Reloaded

?

먼저 도덕적 딜레마 이야기로 돌아가 보겠다. 학생들이 여러분이 만든 토론할만한 가치가 있는 주제의 이야기를 접하게 되면, 그들은 주인공에 대해서뿐만 아니라 자기 자신들에게 대해서도 자발적으로 생각할 것이다. 왜 내가 그것을 좋게 또는 그렇지 않게 생각하는가? 결정을 내리기 전에 이야기의 주인공이 생각한 것은 무엇인가? 이야기의 결과에 대한 장단점은 무엇인가? 다른 사람들은 그것에 대해 어떻게 생각하는가? 나의 학급 친구들은 어떤 말을 했는가? 교사가 무슨 말을 했는지는 중요하지 않다. 왜냐하면 교사는 자신들의 고민을 이해하지 못할 것이기 때문이다.

이런 종류의 묵상은 매우 중요하다. 같은 생각을 가진 사람들을 찾고 의견을 교환하는 것만큼이나 중요하다. 찬반에 대한 30분 동안의 논의, 그것은 하나의 거대한 전투인데, 거기서 개인은 스스로의 의견을 밝힐 필요가 있다. 또한 다른 사람들이 나의 주장을 확신할 수 있는지 여부를 시험해 보고, 다른 사람들이 말하는 것을 듣고, 너무 오랜 시간이라 하더라도 자신의 말할 차례를 기다려야 한다.

개인적인 견해가 다른 사람들의 의견과 같을 때, 반대로 여러분의 의견과 다른 사람을 말로 수 없을 때, 우리는 어떤 감정을 느끼는가?

그리고 이제 교사로서 여러분의 역할을 시작할 수 있다. 토론의 시작 부분에 두 가지 간단한 규칙을 소개하는 것은 교사의 임무이다.

규칙 1. 의견 제시는 자유스럽게 진행되어야 한다. 누구도 다른 사람의 의견에 대해 평가하지 않는다. 교실 안팎의 사람들을 평가 하지 않는다. (언론의 자유)

규칙 2. 말을 하는 사람은 항상 상대방에게 말을 할 수 있는 권리를 전달한다. (탁구경기에서처럼 주고받기식 규칙)

그림 : 경상대학교 윤리교육과 김슬기

이것이 전부이다. 여러분의 유일한 임무는 이러한 규칙들이 준수되는지 확인하는 것이다. 가장 좋은 점은 교사 여러분이 최대한 말을 적게 하는 것이다. 그래도 수업은 잘 진행된다. 규칙 1을 위반하면 검지 손가락을 사용해서 주의를 주고, 규칙 2를 위반하면 엄지손가락을 사용해서 주의를 준다. 하지만 문화권이 다른 학생을 가르칠 때는 조심해야 한다. 왜냐하면 문화권마다 손 신호가 상이한 의미를 담고 있을 수 있기 때문에, 약간 수정할 필요도 있다.

그리고 토론의 끝 부분에서 매력적인 상대방 의견에 대한 평가가 있기 때문에 모든 논쟁은 참여하는 모든 사람들이 볼 수 있도록 기록해야 한다. 그리고 교사는 똑바르게 그것을 읽는다. 결국 상대편의 의견에 대한 칭찬과 논평을 하게 된다. 교사는 학생들에게 토론에 대한 공정한 규칙 준수에 대해 감사의 말을 전하면서 수업을 마친다.

한 가지 잊지 말아야 할 일이 있다. 수업 시작 전에 교실의 좌석 배

치를 조정해야 한다. 모둠 작업을 가능하게 하는 4인용 테이블은 다이아몬드처럼 배열해서, 모든 학생들이 앞을 볼 수 있도록 해야 한다.

교사 중심 수업에서의 권위주의적인 좌석 배치는 더 이상 선호되지 않는다. 여러분은 교사로서 스스로의 모습을 거의 나타내지 않도록 해야 한다. 교실의 주인은 학생이다.

9

KMDD의 학습 효과 및
교훈적 원리

Moral
Competence
Reloaded

교사들에게도 주는 가장 큰 효과는 학생들이 무언가를 배우고자 KMDD 세션의 전체 시간 동안 주의 깊게 따라갈 준비가 되어 있다는 것이다. 배우고자 하는 의지가 오래 지속됨으로써 일반적으로 학습에 대한 태도에 긍정적인 영향을 미친다는 것이 입증된다.

왜 그런가? 모든 학습 과정은 학생들을 지원하고 도전하는 일련의 단계이기 때문이다. 이는 대다수의 학생들에게 실질적인 도전이다. KMDD는 반대 의견에 대해 주의 깊고 참을성 있게 경청해야만 하는 경쟁의 과정이다.

KMDD에 참석하는 학생들은 자신과 반대 의견을 제시한 급우에 의해 발언권이 부여될 때까지 기다려야 한다. 교사는 발언권을 부여하지 않는다. 학생들이 상호 발언권을 부여하는 것이다. 뿐만 아니라, 완전히 다른 의견을 지지하는 사람도 그렇다. 이것은 다른 사람을 모욕하거나 강요하거나 방해하거나 스스로 우쭐대지 않도록 자기통제를 잘할 것을 요구한다. 토론은 자기통제 방식으로 진행된다. 다시금 명심

해야 한다. 교사는 말을 아껴야 하며, 단지 앞서 언급한 두 가지 대화 규칙의 위반한 것에 대해서만 개입한다.

많은 학생들에게 있어 또 다른 도전은 실제 있을 법한 이야기semi-real story로 토론을 시작하는 것이다. 이게 무슨 의미인가? 예를 들어, 딜레마 이야기는 실제 학생의 삶 속의 실제 갈등의 사례를 다루어서는 안 된다. 갈등은 발생할 수 있는 것이다. 그리고 그것은 체감된다. 하지만 토론은 본질적인 도덕적 문제에 관한 것이다. 어떠한 경우에도 학생들은 어떤 알고 있는 사람에 대해 토론해서는 안 된다. 토론이 너무 뜨거워서 감정이 너무 많이 표출될 수 있다. 따라서 모든 사람은 가상적이다. 따라서 그 이야기는 반쯤은 가상적이면서도 실제적이다. 또한 이 이야기는 현재 언론지상에서 일어나는 갈등과 관련되어서는 안 된다. 언론의 주장을 되새기는 것은 의견을 형성하는 것과 아무런 관련이 없다. KMDD 수업에서 여러분은 여러분의 뇌를 써야 한다. 이것은 기본적으로 실제적인 삶 속에서 일어날 일에 대한 리허설일 뿐이다.

학습 효과는 학습 의욕을 높이고 학생들에게 최적의 주의를 기울일 때 얻을 수 있다. 하지만 KMDD 수업은 정기적으로 참석해야 하며 가능하면 초등학교 3학년 이상부터 하는 것이 좋다.

학생들은 실제 충돌을 다른 방식으로도 해결하려고 노력할 것이다. 학생들은 다른 사람의 입장에서 자신을 생각해봄으로써 다른 사람을 이해하고, 더 도움이 되고(McNamee, 1977), 더 재미있게 학습하고(Lind, 2016), 더 잘 의사 결정을 내릴 수 있으며(Mansbart, 2001; Prehn & Kollegen, 2008), 사고력을 키울 수 있다(Nowak, 2013). 심지어 교실 밖에서도 학생들은 보다 나은 방법으로 규칙을 준수하고(Lind, 2016), 민주적인 상생을 추구하며 편견을 줄이려 노력한다

(Lind, 2016). 약물 남용(Lenz, 2006)과 폭력 성향의 감소(Hemmer-ling, 2009, 2014; Scharlipp, 2009)라는 지표도 있다.

KMDD의 효과는 매우 좋은 결과를 보여주고 있다. KMDD 방법이 우리의 이상과 우리가 실제로 하는 것과의 격차를 줄일 수 있다는 것이 입증되었다.

그림 : 경상대학교 윤리교육과 김슬기

KMDD는 40년 이상의 많은 시간 동안 검증되었다(http://www.uni-konstanz.de/ag-moral/). 이제 학생들은 선한 것이 무엇인지를 알뿐만 아니라 또한 그렇게 실천한다. 그들은 "폭력, 기만과 권력보다는 사고와 토론으로 보편적인 도덕 원칙에 근거한 갈등 해결"의 입장에 있다(Lind, 2015).

10

우리는 어디로부터
도덕성을 얻게 되는가?

Moral
Competence
Reloaded

？

불이익이나 장애가 있든지, 부모가 부자든 가난하든, 다른 나라 출신이든 원주민이든, 학생의 사회적 배경이 무엇인지는 중요하지 않다. 학습 장애조차도 중요한 의미를 갖지 않는다. 학생들에게 KMDD 수업은 토론을 풍부하게 하고, 말하고, 진지하게 받아들일 수 있는 자신의 구체적인 특성을 가져올 수 있는 드문 기회 중 하나이다. 학생들은 자신감이 생기고 유쾌한 부작용pleasant side effect으로 찬성과 반대의 양면 상황을 능숙하게 관리하는 방법을 배우게 된다. 국제사회의 변화에 따라 완전히 새로운 기회가 KMDD 수업에서 발생하게 될 것이다. 다른 나라에 뿌리를 두고 있으며 다른 이주 배경을 가진 사람들이 점점 유럽에 살게 되기 때문에 KMDD 수업기법은 더 중요해지게 되었다.

『세계 인구 조사World Population Review』에 따르면, 유럽내 이주민들이 독일의 인구 중 약 1천만 명에 이른다고 한다.

구 서독지역의 거의 모든 3학년 학생 중 1/3이 외국인 부모이며 (Federal Statistical Office, 2014), 이로 인해 매우 특별한 문화적 조건 하에서 자라고 있다고 볼 수 있다. KMDD 수업은 이 문제를 교환하고, 단계별로 민주주의를 경험하고 배우는 기회를 제공한다.

그림 : 경상대학교 윤리교육과 김슬기

연구 결과들은 어떤 사람이 어디서 왔는지는 중요하지 않으며, 도덕적으로 뛰어난 것은 아니지만 모든 사람들이 도덕 지향적이라는 점을 말해준다. 이것은 유럽만이 아니라 세계 여러 나라의 많은 사람들이 높은 수준의 도덕적 지향을 내면적으로 확실히 갖고 있다는 것을 의미한다. 하지만 우리는 한 가지 공통적인 문제점을 안고 있다. 간혹 우리는 도덕적으로 행동할 수 없다. 또한 우리는 가끔 말한 바를 행할 때 도덕적으로 무능력하게 행동하기도 한다. 우리는 권위, 명시된 규범, 우리 자신보다는 다른 사람들의 기대에 의해 자기 자신을 정초한다.

하지만 이 정도는 좋은 일이다. 모든 사람들은 올바른 교훈을 통해 도덕적으로 유능한 사람이 될 수 있다. 이러한 일은 초등학교에서 시작하는 것이 제일 좋으며, 이후 이러한 일을 결코 그만 두지 말아야 한다(Schillinger, 2006; Lupu, 2009; Saedi, 2011).

도덕성은 가르칠 수 있다.

11

KMDD 교사의
도덕성 측정 기술

Moral
Competence
Reloaded

?

KMDD 수업의 효과는 세계 여러 나라에서 많은 연구를 통해 입증되었다. 하지만 실제 다른 모든 교수법이 우리가 달성하고자 하는 도덕적 지향과 실제 행동 사이의 간극이 어느 정도 밀접한지 여부를 측정하는 것도 가능하다.

도덕성은 점수로 정량화 가능하다.

그림 : 경상대학교 윤리교육과 김슬기

꽤 오랜 역사 동안 우리는 대부분의 전통적인 교수법이 도덕성 발달을 충분히 도모하지 못하였을 뿐만 아니라 실제적인 갈등이나 딜레마 상황과 관련하여 심층적인 토론도 진행하지 못하였다는 점을 알았다. 의대생들은 주입식 교육으로 인해, 초기의 높은 도덕 역량을 부분적으로 상실했다는 연구도 있다(Lind, 2013). 이러한 사실은 의료 전문직이 남을 돕는 전문직이라서 놀라운 일이다.

이러한 효과를 가시화할 수 있는 측정 도구로 MCT가 있다. 이 도구는 1978년 George Lind 교수에 의해 개발되었으며, 학교, 대학, 군대, 교도소 등 다양한 분야에 적용되었다(http://www.uni-konstanz.de/a g-moral/).

MCT는 도덕심리학의 최신 연구결과를 토대로 한다. Georg Lind와 그의 동료들은 이중측면이론 모델을 기반으로 우리가 우리의 도덕적 행동(=도덕적 역량)과 도덕적 이상(=도덕적 지향)을 인식할 수 있다고 생각하지만 실제 대부분의 경우 인식하지 못한다고 가정한다. 하지만 특히 무엇이 옳고 무엇이 그른 지를 정확히 아는 사람이 거의 없는 상황에서, 둘 다는 우리의 사고와 감정에 의해 표현된다.

의식과 무의식, 그리고 감정과 이성을 분리하는 것은 불가능하기 때문에, 사람의 실제적인 도덕적 지향은 이 양자들의 적합 또는 부적합만으로 측정될 수는 없다. 우리의 일상적인 행동은 우리가 사회적 규범과 기대에 얼마나 잘 순응할 수 있는지를 보여 주지만, 우리가 도덕적 지향을 위해 무엇을 사용하는지 또는 약한 범위이기는 하지만 도덕적 역량의 정도를 위해 무엇을 사용하는지에 대해서는 잘 보여주지 못하고 있다.

MCT는 우리가 사람의 도덕적 지향과 도덕적 역량을 밝히도록 도와

준다(Lind, 2015). MCT는 개인의 내적 태도와 권위나 규정보다는 내적 태도를 따르려고 하는 그들의 능력을 모두 측정하는 유일한 도구이다. 따라서 우리가 원하는 것과 실제 우리가 하는 일 사이의 격차가 어느 정도인지를 측정한다(플라톤, 『메논』).

이 도구는 학교에서 쉽게 활용할 수 있으며 KMDD 수업이 시작과 학기 또는 회기의 종료 직전이나 직후에 실시할 수 있다. 참가자들이 도덕적으로 발전했는지를 알 수 있다. 이 도구로 측정하는 데는 15분 정도 소요된다. 평가는 다소 복잡하지만 컴퓨터 프로그램을 사용하여 수행할 수 있다([부록 6] 참조). 두 가지 테스트 사이에 한 학년 동안 하나 이상의 KMDD 세션을 갖는 것으로 충분하다.

MCT에서 학생들은 서로 다른 두 가지 딜레마 이야기의 주인공의 결정에 대한 찬성과 반대 의견을 평가해야 한다. 모든 학생들은 −4에서 +4까지의 척도로 2가지 딜레마 이야기에 대한 도덕발달 6단계에 따라 만들어진 6가지의 논점에 대해 평가해야 한다. 다양한 논증은 도덕 발달 수준에 따라 다르다.

MCT는 완전히 익명으로 이루어진다. 개별 학생이 어떤 대답을 했는지는 중요하지 않다. 그룹 전체의 결과가 매우 중요하다.

이것은 예를 들어 특정 교수법과 그것을 통합 학습이 일반적으로 학습의 발전에 기여했는지 여부를 보여줄 수 있는 유일한 방법이다. 학습이 진행되면 개별 학생들의 도덕 역량은 크게 신장될 것이다.

하나의 예로 매년 학생들의 도덕적 역량을 측정하고 정규 KMDD 수업을 매 학년도마다 2회씩 실시한다. 이때 도덕적 역량은 다년간 끊임없이 향상되어 왔다. 하지만 최근의 데이터를 면밀히 살펴보면, 특히 이전에 높은 도덕적 능력을 보여준 학생들의 C점수가 현저히 떨어졌

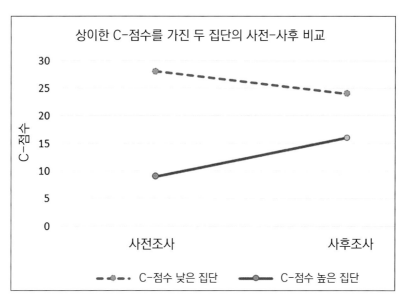

출처 : Martina Reinicke (2016)

음을 볼 수 있다(F=10.59, p<.0019).

이러한 결과에서 우리는 학생들이 교사와의 협력관계를 중단하게 된 것임이 틀림없다고 볼 수 있다. MCT는 이러한 점을 판단하는 데 도움이 된다. 즉 학생들이 권위를 가진 교사의 행동에 얼마나 민감하게 반응하는지 측정할 수 있는 것이다. 이러한 작은 부주의가 수업의 총괄적인 효과를 결정하는 데 중요한 역할을 한다. 이제 우리는 높은 도덕적 역량을 가진 사람들은 권위에 의해 주어진 과제를 비판적으로 다룰 수 있는 능력이 있음을 증명할 수 있다. 하지만 우리는 또한 이러한 사고 역량이 방해물이 될 수도 있음을 알고 있다(Lind, 2017, 개별 인터뷰). 교사들의 높은 사고 역량이 학생들의 민주적인 행동을 방해할 수도 있다. 이러한 문제점은 인지하지 못하고서, 사람들은 종종 학생들이 왜 무관심한지 그 이유를 질문할 수 있다. 쉬는 시간에 더 권위 있는 교사에 의해서 학생들을 다시금 제대로 안내해야 한다.

여러분은 이러한 경우에 해당 교사에 의해 낮은 점수를 받게 될 것이다. 모든 학교의 점수를 비교하는 일은 좋은 장점을 가지고 있지만, 개인정보보호를 받기 때문에 유념해야 한다. 교사는 수업이 실제로 어떻게 이루어지는지를 개인적으로 잘 파악하는 것이 중요하다. 그것에 관해 학생들과 이야기 할 것인지 아닌지는 전적으로 교사에게 달려 있다. 하지만 왜 그럴까? KMDD 수업에서는 그 마지막 부분에서 교사와 학생 공동으로 결과를 평가하는 것이 일반적이다. 재밌었는가? 이 수업을 통해서 무엇을 배웠는가? 좋지 않았던 점과 좋은 점은 무엇인지 등을 평가하게 되어 있다([부록 7] 참조).

교사의 임무는 학생의 도덕적 역량과 교사 스스로의 도덕적 역량을 모두 개발하는 것이다(Dewey, 2009). KMDD와 같은 방법이 학교에 도입된다면 학생이든 교사든 모두 이 효과를 얻게 될 것이다. 참여하는 모든 당사자와 새로운 대화 문화가 발생하는 가치 있는 도전을 하게 된다.

대화의 중요성에 대해서는 현재 로마 교황청의 프란시스코 교황이 언급한 다음의 말을 유념할 필요가 있다.

대화의 문화란 진정한 학습 과정과 금욕주의가 상대방을 동등한 동반자로 받아들이고, 외국인과 이민자 그리고 다른 문화의 구성원들을 여러분이 듣는 주제 속에 받아들이고, 인정하는 것을 돕고, 존중하는 상대방을 돕는 것을 의미합니다. 평화는 대화의 도구를 자녀들에게 제공하고 회의와 협상의 "착한 경쟁"을 가르치는 정도까지 지속될 것입니다.

따라서 우리는 자녀들에게 죽음이 아닌 생명의 전략을 개략적으로 설명하는 문화, 배제가 아닌 통합으로 유도하는 문화로 이끌어야 합니다.

모든 학교 교육과정에 포괄적인 주제로 다루어져야 하는 대화의 문화는 젊은 세대에게 우리가 지금 가르치는 것과는 사뭇 다른 종류의 갈등 해결법을 가르쳐 주게 될 것입니다(Pope Francis, 2016).

12

KMDD 교사연수 소회와 다짐

Moral
Competence
Reloaded

?

저자들은 수년간 KMDD 교사였다. 우리는 여러 해 동안 많은 것을 배웠다. 특히 자신의 한계를 인식하고 올바른 결론을 이끌어내는 방법, 우리 학교에서는 KMDD 수업이 도덕교육의 필수적인 부분이 되었다. KMDD는 많은 교사와 학생들이 높이 평가하는 교수법이다.

우리는 이 방법을 학교에 적용하고 체계화하는 데 있어서 인내가 필요하다는 것을 배웠다. 그리고 이제는 점점 더 많은 학습 효과가 다른 사람들에게도 전파되는 것을 확인하고 있다.

KMDD는 소크라테스의 개념을 교실 토론에 되살리는 수업모형이다. 합리적인 수단을 사용하여 토론하고, 그것으로부터 무엇이 좋은 것인지에 대한 지식을 얻는 것이다. KMDD는 블라트와 콜버그의 교실 토론을 통해 촉발되었고(Blatt & Kohlberg, 1975), 하버마스의 담론윤리(Habermas, 1976, 1981, 1983)의 아이디어와 오서(Oser, 1992)에 의해 개발된 담화 방법의 기본 접근법과 관련이 있다.

실험적 심리학자이자 철학자인 G. Lind 교수는 KMDD의 창안자이다. 그의 이중측면이론은 명확한 이론적 근거를 갖고 있다(Lind, 2009, 2015). KMDD는 다른 사람들과 생각하고 토론함으로써 자신의 도덕 원칙을 알 수 있게 한다. 감정에 치우침 없는 대화를 통한 논의가 필요하다.

이러한 조건 하에서만 의사 결정은 신중하게 검토될 수 있다. 그때 도덕적 원칙은 지속 가능한 결정이 될 수 있다. 결국 지속 가능한 행동이 가능하게 된다. 학생들은 더 도움을 베푸는 사람이 되고, 다른 사람들을 이해하고, 더 나은 결정을 내리고, 더 잘 배우고, 그리하여 무식

함을 떨쳐버리게 된다. 이 수준을 달성하려면 학생들은 자신의 양심을 가지고 자신의 의견을 통제하고 다른 사람들의 의견에 의해 이를 다시 점검할 수 있는 위치에 있어야 한다. 그렇게 되면 학생들은 그들의 도덕적 역량을 지속적으로 개발할 수 있게 된다. 도덕 교육은 개인적인 도덕적 역량의 지속적인 개발에 의해 이루어진다. 도덕적 역량은 "폭력, 기만 및 권력 남용보다는 도덕적 이상과 원칙을 토대로 사고와 토론을 통해 갈등을 해결할 수 있는 능력"을 의미한다. 더 구체적으로 말하면, "의견 일치성을 추구하는 능력이라기보다는 도덕적인 질적 수준을 존중하는 다른 사람들의 추론을 높이 평가하는 능력"으로 정의된다(Lind 2008, Lind 2011, Lind 2015).

우리는 KMDD 모델을 통해서 학생들이 최대한의 관심과 배움의 의지를 갖도록 하는 것이 가능하다는 것을 배웠다. 학생들은 그들의 사고와 토론을 발전시키도록 동기를 부여시킬 수 있다. KMDD에서 학생들은 예를 제시하면서 토론을 중재하는 방법을 배운다.

이를 위해 교사는 두 가지 토론 규칙을 소개해야 한다. 토론 과정에서 학생들은 사람들보다는 주제에 집중하는 법을 배운다. 이 학습 과정은 도덕적 딜레마 이야기의 소개하는 것으로 시작된다. 하지만 KMDD 수업은 단지 한 수업을 통해 얻게 되는 반짝 효과만을 보여주는 것이 아니다. 우리는 KMDD는 장기적인 효과가 있음을 알게 되었다.

그런데 이 방법론에 대한 회의론도 있다. 그 주된 주장은 주로 다음에서 비롯된다. 즉 이 방법론에 대한 지식과 이론적 배경의 부족, 측정도구인 MCT의 활용방법에 대한 숙달 부족 등을 꼽을 수 있다. 이 두 가지 중에서 후자의 활용방법에 대한 의견을 나누면서 자연스럽게 그 이론적 배경에 대한 얘기도 나누었다. KMDD를 처음 접했을 때 전체 토론과정은 너무나 긴 무의미한 휴식시간에 지나지 않았다. 그리고 도덕적 딜레마 이야기의 질적 수준의 담보와 그것에 대한 소개도 KMDD 방법론의 회의론의 주요한 원인이 되기도 했다. 처음에는 학생들이 주고받기 식의 핑퐁 규칙을 혼란스럽게 생각했다. 처음에는 교사에게도 이것이 조금은 생경했다. 그런데 이러한 핑퐁 규칙이 상호간의 의견개진을 위한 자유를 담보하는 중요한 기준이 된다는 것을 알 수 있다. 상대를 비웃는 웃음이 아닌 수업을 즐기는 진정한 웃음이 KMDD 수업에는 끊이지 않는다. 수업이 재미있다는 것을 확실하게 나타내는 지표이다.

나(마르티나)는 이민의 위기상황에 있는 학생들이 적절한 토론을 계속해서 이어가기 위해 KMDD 수업이 끝난 뒤에서 질문을 했었던 일을 잘 기억하고 있다. 한 학생에게 토론을 진행하도록 역할을 주었다. 나는 또한 그에게 토론을 위한 자신의 규칙을 세워달라고 요청했다. 그는 "나와 함께 모든 사람들이 자신이 원하는 것을 말할 수 있다"라고 그는 제안했다. 토론은 열정적으로 이루어졌다. 갑자기 중재자가 "나는 어쨌든 레이니키 부인의 규칙을 채택하는 것에 찬성한다."라고 말했다. 그들은 모두 동의했다. 그렇다면 토론은 여전히 감정적이지만 더욱 열심히 진행되었다.

하지만 두 가지 규칙만으로 KMDD를 특별하게 만드는 것은 아니다. 나(마리트니)와 나의 학생들뿐만 아니라 한 차시의 수업이 특별한 형식의 대담보다 더 낫다는 것을 이해한다. 자신의 감정을 알게 되고, 생각하고, 이야기하고, 다른 사람들과 논쟁하며, 이를 통해서 배울 수 있다. 다른 사람들의 말에 귀 기울이고, 완전히 반대하는 의견에 감사하는 법을 배운다.

요약하면, KMDD 수업을 통해서 학생들은 자신의 정보에 근거한 의견을 만들어내는 법과 민주적인 방식으로 행동하는 법을 배운다. 나(마르티나)는 이 목표에 도달하기 위해 교사인 여러분 스스로의 역할을 명확히 인식해야 한다는 것을 알게 되었다. 종종 우리는 학생들을 무의식적으로 조작한다. 우리의 표정과 몸짓, 학생들의 말을 듣는 방식, 말한 것에 반응하는 방식 등에 있어서, 우리가 어떻게 받아들이고 피드백을 주는가? 우리는 흔적을 남겨야 하지만 어떻게 그리고 무엇을 위해서인가? 이러한 것들이 매우 중요한 결정적 질문들이다.

나(마르티나)는 학생들에게 앞으로 있을 시험보다는 자신의 삶에 대해 기꺼이 배울 동기를 부여하는 것이 더 중요하다는 것을 알았다. 한편으로는 이러한 방식을 유지하면서도 또 다른 한편으로는 시련에 직면해서 도전할 수 있도록 돕는 것도 필요하다. 나는 여전히 KMDD 수업에서 참석자들의 역할에 매료되어 있었다. 엄격히 말하자면, 교사로서 나는 관여하지 않았지만 여전히 수업은 잘 진행되었다. 나는 학생들에게 더 큰 자신감을 가지게 되었다. 또한 직업학교 견습생은 스스로 훈련을 할 수 있으며 올바른 도구를 창의적으로 활용하기도 했다.

나(마르티나)는 학생들의 의견에 관심을 기울인다. 학생들의 의견을 경청하는 것은 흥미롭게 느껴진다. 내가 분명히 배웠던 한 가지는 학생들의 의견을 더 잘 들어야 한다는 것이다. 그리고 그들이 스스로의 의견을 거리낌 없이 공개적으로 제시해 준 것에 감사드린다.

나(마르티나)는 수업에 참여하는 하는 모든 사람들이 자신의 속마음을 말하는 용기가 당연한 것으로 받아들여서는 안 된다는 것을 배웠다. 내가 KMDD 교사가 된 이후로 스스로의 도덕 교사상이 바뀌게 되었다.

최근에 한 학생이 학교 주차장에서 나(마르티나)에게 다가 왔다. "Reinicke 교수님, 교수님께 꼭 이야기 할 말이 있습니다. 교수님은 더 엄격하셨으면 좋겠어요." 그 학생은 이 수업을 받기 이전에 다른 수업 경험을 많이 했었다. 몇 주 후에, 내가 이 일화를 다른 학급에 이야기했을 때 나는 놀랐다. 학생들은 "천국과 같은 수업방식을 포기해서는 안돼요!"라고 이구동성으로 말했다. 그리고 그들은 "교수님께서 가르치는 것은 인간적이며 진실함을 느끼게 합니다. 교수님은 우리에 대한 진정한 관심을 가지고 계십니다. 우리의 윤리 수업은 우리가 생각하고 진심으로 토론하는 데 영감을 줍니다."라고 말했다.

이것은 교사가 KMDD 수업에서 점점 사라지는 행태이기는 하지만 동시에 학생들에게 도전정신을 심어주고 도덕적으로 역량이 있는 사람이 되도록 도운다. 학생들은 표현의 자유에 대한 민주주의 기본 권리를 행사하는 법을 배우게 된다. 아직은 모든 학생을 이해할 수 있는 내면의 고요함이 여전히 부족하다. 그것은 종종 내 몸의 언어에 의해 발견되지만 이것은 내 자신의 육성과 내 자신의 경험과 관련이 있다. 그것을 제거하는 것은 실제로 쉽지 않다. 도움이 되는 유일한 방법은 내 수업을 촬영하고 보는 것이다. KMDD에 대해 회의적인 생각을 갖고 있는 사람들과 대화하는 것도 좋다. 우리가 유학생들과 KMDD 수업을 진행할 것을 제안했을 때, 동료 중 일부는 특히 회의적이었다. 하지만 두 명의 동료를 초청하여 이 수업에 참석하게 하고 며칠 후에 우리는 이 대화를 통해 새롭고 가치 있는 아이디어가 많이 배울 수 있었다.

나(마르티나)는 깨닫게 되었다. 나는 나의 단점을 단점으로 보지 말고 자기 개선을 위한 예비요소로 여겨야 함을 배웠다. 변화를 위해서는 투명성과 개방성이 핵심이다. 나는 또한 수업설계를 위해 동료들과 대화를 통해 많은 것을 깨달았다. 많은 사람들이 이번에는 어떤 토론이 이어질지 미리 알고 싶어 한다. 종종 교사의 방에서 점심 식사시간에 자연스럽게 도덕적 딜레마가 명확해 지는 경우가 있다. 그래서 나는 누군가가 이야기속의 딜레마를 이해할 수 있는지 미리 알고, 이야기가 그리 좋지 않아서 개선되어야 함을 확인하기도 했다. 개선을 위한 자발적인 제안이 이루어지며 개인적인 이야기를 주고받게 된다. 이런 시간은 결코 지루하지 않다. 누구나 자신의 견해를 표명할 기회가 주어져야 한다. 다음과 같은 제안은 쉽게 발견할 수 있다. "여러분이 이 주제에 관한 이야기를 해주었어요."때때로 나는 그렇게 하려고 시도하고 지금도 그렇게 해보려고 노력한다. 학생들을 잘 이끄는 방법을 알게 된 셈이다. 매년 나는 특별한 교실에서 나의 도덕적 딜레마 이야기의 첫 버전을 듣고 품평을 해주는 기회를 갖는다. 그 학생들은 내가 새로운 이야기를 내놓을 때 어린 아이들처럼 그것을 즐긴다. 이 수업에서는 주당 한 번 수업하기 때문에 일반적으로 도덕적 딜레마를 더 명확하게 한다. 그러나 이런 수업에서조차도 도덕적 역량은 향상됨을 알 수 있다. 이 학생들은 문제에 대해 생각하고, 문제의 도덕적 핵심을 인식하고, 자신의 도덕적 감정을 형성하는 것을 배우며, 다른 학생들이 그것에 대해 생각하는 것을 듣는다.

나(마르티나)는 또한 학교 카운슬러로서 KMDD의 잠재력을 활용하는 방법을 배웠다. 포괄적인 교수법인 KMDD는 학생 개개인을 개별적으로 수용할 수 있는 기회를 창출하고 어떤 세부 사항을 고려해야 하는지를 강조한다.

KMDD는 모든 학생들에게 적합하며, 모든 학생들은 가치가 있음을 상정한다. 그들 중 일부는 처음에만 그런 경우가 있다. 그리고 나(마르티나)는 KMDD 수업을 실시하면 학교 문화가 바뀔 수 있음을 알게 되었다. 학생들은 더 자신감 있고, 도움이 되고, 기꺼이 배우고 다른 사람들을 훨씬 잘 이해하게 된다.

　이러한 논의들은 KMDD를 통해 알게 된 내용이다. 지금까지 많은 실증연구를 통해서 KMDD의 효과가 입증되었다. 더 좋은 연구, 더 많은 연구를 통해서 KMDD가 도덕교육에서 실효성이 더 높아지기를 기대한다.

부록

Moral
Competence
Reloaded

[부록 1] 도덕적 역량 검사 도구(MCT)

<노동자의 딜레마>

한 공장에서는 명확한 사유도 없이 해고를 당한 일부 노동자들은 관리자가 CC-TV를 통해 그들을 불법적으로 감시했다고 생각하고 있다. 한편 관리자는 감시한 일이 없다고 강하게 부인하고 있다. 그 해고 노동자들은 노동조합을 통해서 관리자의 불법 행위에 대응하려고 해도 명확한 증거가 없어서 그렇게도 할 수 없었다. 이들을 돕기 위해 해고되지 않은 동료 노동자 두 명이 관리자의 사무실에 무단으로 들어가서 증거가 될 만한 녹화테이프를 훔쳐 나왔다. 이 내용과 관련하여, 아래의 ①, ②, ③번 질문 모두에 대해 해당칸에 √ 표시를 해주세요.

① 귀하는 그 노동자들의 행동에 대해 어떻게 생각하십니까?

전혀 동의하지 않는다		←	→		적극 동의한다	
-3	-2	-1	0	1	2	3

② 다음은 노동자들의 행동이 옳다는 판단의 근거들이다. 이에 대해 귀하는 어느 정도 수용할 수 있는지 점수를 부여해 주세요.	동의 안함 ←→ 동의함								
	-4	-3	-2	-1	0	1	2	3	4
1. 그들은 회사에 어떠한 손실도 끼치지 않았다.									
2. 공장 관리자가 먼저 법을 무시했으므로, 이로 인해 두 노동자들은 법과 질서를 유지하기 위해 그러한 행동을 했다.									
3. 대부분의 다른 노동자들이 그들의 행동에 지지를 했고, 많은 사람들이 그들의 행동에 대해 기뻐했다.									
4. 사람들 사이의 신뢰와 각 개인의 존엄성은 공장의 자치 규정보다 더 중요하다.									
5. 공장 관리자가 먼저 부당한 행동을 했기 때문에, 두 노동자가 문을 부수고 들어간 행위는 정당화될 수 있다.									
6. 두 노동자들은 공장 관리자의 불법적인 행위를 폭로할 길을 찾지 못했기 때문에, 차선책으로 그러한 행동을 선택했다.									

③ 다음은 노동자들의 행동이 옳지 않다는 판단의 근거들이다. 이에 대해 귀하는 어느 정도 수용할 수 있는지 점수를 부여해 주세요.	동의 안함 ←→ 동의함								
	-4	-3	-2	-1	0	1	2	3	4
7. 만약 모든 사람들이 두 노동자들처럼 행동하게 된다면, 공장 내 법과 질서가 위협받게 될 것이다.									
8. 재산소유권과 같은 기본적인 권리는 보다 보편적이고 명백한 원칙들에 근거하지 않고서는 함부로 침해될 수 없다.									
9. 본인이 해고되는 위험을 감수하면서까지 다른 사람의 일에 관여하는 것은 지혜롭지 못하다.									
10. 두 노동자들은 마땅히 합법적인 수단을 찾아야만 했다. 그들의 성급한 행동은 심각한 법률 위반이다.									
11. 두 노동자들이 교양 있고 정직한 사람으로 평가받으려면, 물건을 훔치는 죄를 저질러서는 안 된다.									
12. 두 노동자들은 본인들이 해고된 것이 아니기 때문에, 녹화 테이프를 훔칠 이유가 없다.									

주: '＊'표시의 ( ) 속의 숫자는 콜버그 도덕 발달 단계(유형)를 말함.

<의사의 딜레마>

> 말기 암 선고를 받은 한 여성이 있다. 이로 인해 그녀는 아무런 희망도 없이 하루하루를 살고 있다. 그녀는 끔찍한 고통에 시달렸고, 점점 허약해졌다. 모르핀과 같은 진통제를 너무 많이 투여하여, 거의 죽음에 이를 지경이었다. 이러한 고통의 와중에 그녀는 의사에게 단번에 죽을 만큼 모르핀을 투여해 달라고 간절히 요청했다. 그녀는 의사에게 자신은 더 이상 고통을 견뎌낼 수 없고 어차피 얼마 살지 못할 것이라고 말했다. 의사는 법률에 위배됨에도 불구하고 그녀의 간청을 들어주기로 했다. **이 내용과 관련하여, 아래의 ①, ②, ③번 질문 모두에 대해 해당칸에 √ 표시를 해주세요.**

① 귀하는 의사의 행동에 대해 어떻게 생각하십니까?

전혀 동의하지 않는다		←		→		적극 동의한다
-3	-2	-1	0	1	2	3

② 다음은 의사의 행동이 옳다는 판단의 근거들이다. 이에 대해 귀하는 어느 정도 수용할 수 있는지 점수를 부여해 주세요.	동의 안함 ←					→ 동의함			
	-4	-3	-2	-1	0	1	2	3	4
1. 의사는 자신의 양심에 따라 행동을 했다. 그렇기 때문에 그 여자가 처한 특수한 상황은 환자의 생명을 연장해야 하는 의사의 의무에 결코 위배되지 않는다.									
2. 오직 의사만이 그녀의 간청을 충족시켜 줄 수 있는 유일한 사람이었고, 그렇기 때문에 의사의 행위는 그녀의 소원을 존중한 결과였다.									
3. 의사는 단지 그녀의 소원을 들어주었을 뿐이고, 그로 인해 발생하는 좋지 않은 결과에 대해 염려할 필요는 없다.									
4. 여성은 어차피 암으로 인해 죽게 될 것이기 때문에, 그 의사가 그녀에게 진통제를 과다하게 투여한 것은 그렇게 심각한 문제는 아니다.									
5. 의사는 결코 법률을 위반하지 않았을 뿐만 아니라 어느 누구도 그 여자의 생명을 구할 수 없었다. 그 의사는 단지 그 여성의 고통 시간을 단축시켰을 뿐이다.									
6. 의사의 동료 의사들도 대부분 그와 같이 결정했을 것이다.									

③ 다음은 의사의 행동이 옳지 않다는 판단의 근거들이다. 이에 대해 귀하는 어느 정도 수용할 수 있는지 점수를 부여해 주세요.	동의 안함 ←					→ 동의함			
	-4	-3	-2	-1	0	1	2	3	4
7. 의사는 동료의사들의 신념과 반대되는 행동을 했다. 만약 동료의사들이 안락사(환자의 고통을 덜어주기 위해 인위적으로 목숨을 끊는 것)에 반대했다면, 의사는 그 여성의 간청을 들어주면 안 되었다.									
8. 비록 누군가가 엄청난 고통으로 인해 죽음을 원할지라도, 생명을 지켜야 하는 의사의 본분을 망각해서는 안 된다.									
9. 생명을 보호하는 것은 모든 사람들의 최상위의 도덕적 의무이다. 우리 인간이 안락사와 살인을 구별할 수 있는 명백한 도덕적 기준을 갖고 있지 않으므로, 어떤 사람의 생명을 직접적으로 끊는 행동을 해서는 안 된다.									
10. 의사는 이 일로 인해 엄청난 어려움을 겪었다. 실제 다른 사람들도 이미 그와 같은 행동을 했다는 이유로 중대한 처벌을 받은 적이 있다.									
11. 의사가 좀 더 여유를 갖고 기다리면서 그 여성의 죽음에 개입하지 않았더라면, 이 문제를 해결할 수 있었을 것이다.									
12. 의사는 법률을 위반했다. 즉 안락사가 불법행위라는 것을 알았더라면 그 요청을 거절했어야 했다.									

출처: G. Lind, 박균열·정창우, 『도덕적 민주적 역량 어떻게 기를 것인가』(How to Teach Morality), 양서각, 2017, pp.292-293.

[부록 2] KMDD 수업의 9단계

날짜:		학년/연령대:	
학교:		선생님:	
보내는 사람:		받는 사람:	
딜레마 스토리:			

* 특별한 관찰사항 (필요하다면 뒷면을 사용하세요).
* 세션 시작 전에 계획된 시간을 추가하세요. 필요하다면 세션 중에 수정하세요.

분	계획	수정	수업활동	교사 참고사항
0			X의 딜레마 스토리를 구두로 제시하세요.	분명하고 천천히 설명한다.
5			-하위 질문과 함께 제작된 딜레마 양식 배부 -학생들에게 혼자 조용하게 생각해보라고 당부 -나중에 토론할 기회가 있다고 공지	-메모할 시간을 충분히 준다. -다른 참여자들을 방해하지 않는다.
10			-전체 참여자들 앞에서 이야기 속에 문제상황이나 딜레마가 조금이라도 포함되어 있는지를 명확하게 한다. -무엇이 딜레마라고 생각하는가?	모든 관점들과 인지된 측면들이 언급되도록 하세요.
20			-첫 번째 투표: X가 옳은 행동을 했는가, 아니면 옳지 못한 행동을 했는가? 손을 들어보라. -모든 참여자들에게 투표하게 한다: "실제 삶에서 우리는 흔히 선택을 해야만 한다."	-투표 결과를 칠판 혹은 스크린에 기록한다. -만약 투표를 원하지 않는 사람이 있다면, 그들에게는 다른 임무(예: 판서 등)를 부여한다.
25			-투표에 따라 반을 두 개의 그룹으로 나눈다. -3-4명으로 구성된 소그룹을 형성하게 한다. -주인공의 결정에 대한 그들의 입장을	-소그룹들이 3명 미만이 되지 않도록 하고, 4명을 초과하지 않도록 유의한다. -필요하다면 참여자들에게 다른 그룹으로 옮길 수 있도록 기회를 준다.

		지지하는 주장들을 모으게 한다.	

35		−학급 전체의 찬반 토론
		−두 가지 기본 규칙을 설명한다.
		  #1 무슨 말을 해도 좋지만, 다른 사람을 부정적 혹은 긍정적으로 판단하면 안 된다.
		  #2 주고받기식(탁구경기방식): 마지막에 말한 사람이 상대편에서 응답자를 고른다.
		−선생님은 규칙을 위반할 때만 개입한다.
			−칠판에 토론을 메모할 조교를 뽑는다.
			−참여자들에게 #1 규칙은 힘들 수도 있다고 공지한다. 규칙의 첫 번째 위반 시에 반드시 개입해야 한다(기다리면 안 되고 즉각 개입해야 함). 친절하게 상기시켜야 한다. 절대 고함치거나 벌을 주어서는 안 된다.

65		−제일 매력적인 반대 주장 선정하기: 학생들에게 다시 한 번 3−4명으로 구성된 소그룹을 형성하게 한다. −상대편의 주장들을 평가하게 한다: 어떤 주장이 제일 매력적인지 질문한다.	부정적인 대답들이 나오면 부드럽게 개입한다. "자 이제 다른 팀에 대해 긍정적으로 말할 기회를 가져야 합니다."
70		−반 전체 앞에서 모든 참여자들이 한 명씩 그들이 가장 맘에 드는 반대주장을 보고하게 한다. −개인별로 투표하게 한다.	−우선 어느 한 그룹부터 먼저 시작한다. −상대방에게 좋은 평가를 해보라고 얘기한다.
76		−결선 투표: "토론 뒤에, 이제 어떻게 투표할 거예요?"	칠판 혹은 스크린에 투표를 기록하세요.
80		−이 세션에서 무엇을 배웠나요? −그것은 가치가 있었나요? −이전에 이와 유사한 문제에 대해서 토론한 적이 있었나요?	이 부분을 위해 적어도 10분은 할애하라.
90		수업 종료	

주: 어떤 부분도 생략하면 안 됨. 만약 시간제한이 있다면, 선생님은 시간을 수정해서라도 어떤 단계도 생략되지 않도록 해야 함. KMDD를 적용하기 전에, KMDD 교사 훈련 프로그램 이수 권장함. http://www.uni-konstanz.de/ag-moral/

출처: G. Lind, 박균열·정창우, 『도덕적 민주적 역량 어떻게 기를 것인가』(How to Teach Morality), 양서각, 2017, pp.294-295.

[부록 3] KMDD 세션을 위한 관찰지

관찰자의 이름:		학교, 학년:	
날짜:		교사:	
보내는 사람:		받는 사람:	
딜레마 스토리:			

지시사항: 한 그룹의(아래의 회색 영역) 관찰을 위해 다음의 측면들 중 하나를 선택하세요. 여러분의 관찰내용을 주어진 부호를 사용해서 5분 간격으로 기록하세요. 각 관찰마다 한 줄만 사용하세요.

✓	부호	
활동 ☐	A0	수업에 아무도 관심을 보이지 않음
	A1	단지 몇 명만 관심을 보이고, 참여함(대답을 하고, 질문을 하세요)
	A2	학급 인원 절반 이상이 관심을 보이고, 참여함
	A3	모두 혹은 거의 모두가 관심을 보이고, 몇 명이 참여함
	A3+	모두 혹은 거의 모두가 관심을 보이고, 거의 모두가 참여함
존중 ☐	R0	다른 학생들이 말하는 것에 아무도 주의를 기울이지 않음
	R1	몇몇 학생들은 경청하지만, 모두는 아님
	R2	절반 이상의 학생들이 경청함
	R3	전체 혹은 거의 전체의 학생들이 경청함
	R3+	전체 혹은 거의 전체의 학생들이 경청하고, 다른 학생들에게 인용됨

관찰 그룹 (하나만 표시하세요):
☐ 전체 그룹   ☐ 처음에는 활발하지 않은 참여자들
☐ 찬성 그룹   ☐ 반대 그룹   ☐ 기타: _____

분	부호	메모(전체 세션 토론이 시작되면 작성하세요)
5		
10		
15		
20		
25		
30		

주: 관찰 기준은 다른 것으로 대체될 수 있으나, 너무 많이 대체해서는 안 됨.
출처: G. Lind, 박균열·정창우, 『도덕적 민주적 역량 어떻게 기를 것인가』(How to Teach Morality), 양서각, 2017, p.296.

[부록 4] KMDD 세션 기록

딜레마 스토리:	
참여자들의 교육수준:	
소속 기관:	
주소:	
선생님 이름:	일시:
특별한 메모:	

흑판 / 스크린

찬성 투표:	1.	2.		반대 투표:	1.	2.	
칠판에 기록된 주장들							

참여자들에 의한 질문들:

참여자들이 무엇을 배웠다고 말했는가?

어떤 관찰자들이 참여했는가? 동료인가? 외부인인가?

코멘트의 내용은 무엇인가?

출처: G. Lind, 박균열·정창우, 『도덕적 민주적 역량 어떻게 기를 것인가』(How to Teach Morality), 양서각, 2017, p.297.

[부록 5] 도덕적 딜레마 제작 원칙

 * 아래의 질문에 모두 Yes라고 답할 수 있어야 교육적이면서도 도덕적인 딜레마가 만들어질 수 있다.

1. 짧은 이야기 구도를 갖고 있는가?(A4용지 1/4페이지 정도)
2. 문어체보다는 구어체를 사용했는가? 때때로 불완전한 문장으로 끝냈는가?
3. 이야기에는 주인공이 반드시 한 사람만 있는가?
4. 주인공은 반드시 먼저 등장해야 하고, 다른 인물들은 "그 또는 그녀"로 표기해서 구분이 쉽도록 했는가?
5. 만약 보조역할을 할 사람이 필요하다면 집단의 대명사(선생님, 엄마 등)로 표기했는가?
6. 주인공의 눈으로 이야기를 만들었는가? 이야기를 듣는 사람보다 주인공은 더 많은 것을 알고 있는가?
7. 결론은 주인공의 최종적인 결정으로 끝냈는가?
8. 그 결정은 불가피했으며, 모종의 압력에 의해 주인공은 최종적인 결정을 하게 되었는가?
9. 그러한 주인공의 결정에 대항할만한 다른 마땅한 이유가 있는가?
10. 딜레마 속에서 비윤리적 결정(technical solution, non−moral solution)은 폐기될 수도 있는가?
11. 이야기는 심리학적으로 실제적이어야 하며, 듣는 사람들에게 감성적인 호소력을 불러일으킬 수 있는가?
12. 상식을 벗어나거나 극단적인 사례가 사용되지 않고 있는가?

출처: G. Lind, Moral ist lehrhbar, Munchen: Oldenbourg, 2009, p.81.

---

1) 여기서 비윤리적 결정이란 기술적 결정(technical solution)이나 윤리와 상관없는 결정(non−moral solution)을 말한다. 전자는 문제 해결을 위해 현금과 물건 중 무엇을 제공할 것인가와 같은 질문에 대한 결정을 말하고, 후자는 사과를 먹을 것인가 또는 배를 먹을 것인가와 같은 질문에 대한 결정을 말한다.
2) 이 원칙은 저자(박균열)가 한국적 상황에 맞게 추가한 것이다. 상식을 벗어난 사례로는 근친상간 등을 생각할 수 있고, 극단적인 사례로는 살인, 자살 등을 생각해볼 수 있다.

[부록 6] 도덕적 역량 검사 도구(MCT)의 C–점수 계산법

Nine Steps for Scoring of the MCT: C-score for Moral Competence and Six Indices for Moral Attitudes
(First, transfer the raw scores into the correct grey fields. Second, square all numbers. Third, do steps ①, ② etc.)

Dilemma:	Workers' Dilemma				Doctor's Dilemma				Add up the four grey data on each line	Square the data in the left column
Opinion:	disagree (-3 to -1) | agree (0 to +3)				disagree (-3 to -1) | agree (0 to +3)					
	Pro*		Con*		Pro*		Con*			
Orientation/Stage (X)	X_{i1}	$(X_{i1})^2$	X_{i2}	$(X_{i2})^2$	X_{i3}	$(X_{i3})^2$	X_{i4}	$(X_{i4})^2$	① $\sum X_{i=1-4}$	② $(\sum X_{i=1-4})^2$
1										
2										
3										
4										
5										
6										
	A		B		C		D		③ Total sum $\sum_1^6 x=$	④ Sum of column = $\sum_{Sp=1}^{6}\sum_{j=1}^{4} x_{ij}$

Insert your raw data here

Example: The S's answer in column A_P_3 goes into this field

Sum up all columns and check total sums ! =>

Sum of all pro items and of all con items (optional): *

$\sum_{i=1}^{6} x_{i,pro} = A + C =$ $\sum_{i=1}^{6} x_{i,con} = B + D =$

Square all data and insert the results here

Optional   Optional   Optional   Optional

Use ④: Use ④: $SS_{Stage} = \sum_{Sp=1}^{6}\sum_{j=1}^{4} x_{ij}^2/4 - SS_M =>$

⑤ $SS_{Tot} = \sum (X_i^2) =>$
Square all data and add up the squares

⑥ $SS_M = SS_{Mean} = (\sum X_i)^2/24$ =>
Use ③: square this sum and divide by 24

⑦ $SS_{Dev} = SS_{Tot} - SS_{Mean} =>$

Add up all 24 squared data

Square the sum · and devide by 24

Subtract · from · :

Divide · by 4, then subtract · :

$SS_{PC} = \sum_{j=1}^{Con}(\sum_{j=1}^{12} x_{ij})^2/12 - SS_M =>$

$SS_{DII} = \sum_{j=Work}^{Doc}(\sum_{j=1}^{12} x_{ij})^2/12 - SS_M =>$

⑧ Divide · by 4, then subtract · :

Use ⑧ and ⑦
$\dfrac{SS_{Stage}}{SS_{Dev}} =>$

100*

$r_{PC}^2 = \dfrac{SS_{ProxCon}}{SS_{Dev}} =>$

$C = \dfrac{SS_z}{SS_{Dev}} - SS_{Tot} =>$

⑨ C-score:
Divide · by · and multiply with 100
=

$\dfrac{\sum_{Sp=1}^{6}\sum_{j=1}^{6} x_{ij}^2}{}$

Optional* PC-Index

Optional* C-plus-Index

(C) 2016 Georg Lind.

* These calculations are optional. If used, Pro and Con are to be scored according to the subject's *opinion*. Rule: If the subjects agrees in one case with the solution given in the story AND disagrees with the
solution of the other story, then the columns must be added like this: A + D and B + C.

[부록 7] KMDD 워크숍

※ 여러분 자신의 교육적 딜레마 스토리를 3단계로 써 보세요.

단계①: 다음의 조언을 먼저 읽으세요.	단계②: 여러분의 이야기를 여기에 쓰세요.
1. 짧게! 여러분의 이야기는 오른쪽 공간에 알맞아야만 합니다(단계②).	주인공 (X)의 이름: (여러분의 머릿속에 있는 사람의 진짜 이름을 사용하지 마세요! 이름 혹은 성과 이름을 제시하세요.)
2. 친구에게 말하듯이 여러분의 이야기를 하세요. 쉬운 언어를 사용하세요.	
3. 가상의 주인공을 만드세요(딜레마를 겪는 주인공). 그 혹은 그녀의 이름을 언급하세요. 현실의 인물을 사용하세 마세요.	이것이 그 혹은 그녀의 문제이다: (곤경, 진퇴양난, 궁지, 딜레마, 역경......; '딜레마'라는 단어를 조심해서 쓰세요)
4. 단 한 명의 주인공 X만 있어야 합니다. 만약 다른 사람들을 언급해야 한다면, 그들에게 "그의 선생님", "그녀의 어머니"와 같은 일반적인 묘사를 사용하세요.	
5. 부담: X는 어떤 시간 안에 결정을 내려야 하는 부담을 갖고 있습니다. 기다림과 같은 쉬운 방법이나, 기술적인 해결책을 기대할 수는 없습니다.	
6. 어떻게든 X는 딜레마에 빠져서 결정하기 쉽지 않음을 보여줍니다. 예를 들어 그 혹은 그녀가 "망설이거나" "숙고한다" 등	
7. 이야기는 반드시 어떤 선택에 대해 찬성 혹은 반대의 분명한 결정으로 마무리되어야 합니다(질문이나 X의 결정 결과에 대한 정보로 끝나서는 안 됩니다). 청중들로부터 팽팽한 투표 결과를 얻기 위해서 X가 주류에 반대되는 결정을 하도록 허용하세요.	
8. 검토: 의 이야기에서 뺄 부분이 있는지 철저하게 검토하세요. 짧을수록 좋습니다.	결정: X는 ~을 하기로 결정했다.

단계③: 여러분의 학습 파트너에게 물어보세요. X가 딜레마에 처했다고 생각하세요? 이 이야기에서 그게 느껴지나요?　　□ 네, 분명히게　　□ 네, 약간　　□ 아니오

왜 X는 망설였지요? 무엇이 그 혹은 그녀의 머릿속에 떠올랐다고 생각하세요.

주: '교육적인' 딜레마 스토리는 듣는 사람들이 딜레마를 느끼고, 그것에 대해 생각하며 토론하게 자극하는 이야기입니다.

출처: G. Lind, 박균열·정창우, 『도덕적 민주적 역량 어떻게 기를 것인가』(How to Teach Morality), 양서각, 2017, p.298.

마르티나 라이니케

그녀는 KMDD 교사 자격증을 가지고 있으며 40년 동안 그 교수법을 활용해서 많은 통찰력을 교육현장에 발휘하고 있다. 그녀는 KMDD가 다른 교수학습방법에 어떻게 적용될 수 있는지 보여주고 있다. 도덕성이라는 용어를 설명하고 난 뒤에, 그녀는 왜 도덕성을 가르치는 것이 필요한지 명쾌하게 설명하고 있다.
www.martina-reinicke.de

박균열

그는 G. Lind 교수가 주관하는 KMDD 심포지움에 수 차례 참여하여 KMDD 교사 자격증을 획득했다. KMDD 프로그램을 한국에 적용하기 위해 노력하고 있다. 현재 경상대학교 사범대학 윤리교육과 교수로 있다. MCT의 한국형 표준화를 완료했다.
http://cafe.daum.net/PeaceSecurity

Moral Competence Reloaded

Cover-Idea: Georg & Thomas Lind
Illustrations: Luise Halbhuber & Seulgi Kim
Translation: inlingua Chemnitz

Martina Reinicke's booklet "Moral Competence Reloaded" is a good source book for teachers who have been trained in the Konstanz Method of Dilemma-Discussion (KMDD) for fostering moral-democratic competence. It is also valuable for teachers in general who want to learn more about morality and how morality can be fostered. It provides them with Socrate's important insight that morality is a competence, not just the intention to be good. Reinicke shows with many cases how difficult it is to apply moral principles in everyday life. Moral principles often conflict with each other: We want to be free to do whatever we like to do, but this wish can conflict with others people's rights. Hence, we have to think about a fair solution and discuss it with other people. In other words, moral behavior requires moral competence, that is, the ability to solve problems and conflicts on the basis of universal moral principles like freedom, justice, and cooperation, through deliberation and discussion, instead of through the use of violence or deceit, or through submission to others.Reinicke shows that moral competence needs to develop, and this development needs to be fostered by opportunities to use this ability. Unfortunately, such opportunities are rare for many children and adults. Therefore, school should provide such opportunites through special methods like the KMDD. Reinicke describes how the KMDD works. She provides many cases which are fun to discuss with students. Such discussions can also promote the moral competence of the students, however, only if the educator has undergone training in this method. In her last chapter, the author of "Moral Competence Reloaded" describes her own training and certification in detail. If the reader wants to get more detailed information on the psychology and education of moral competence, she or he can be referred to my textbook "How to teach morality" (2016; Korean translation: 2018).

Prof. emeritus Dr. Georg Lind

Preface

Dear Readers,

This little booklet neither makes claim to being exhaustive nor a highly scientific treatise. It is only about sharing ideas on morality and school in an entertaining way. It is high time that morality was taught.

This booklet tells you (scientifically sound) what morality is, why "morality lessons" should find their way into schools and how such lessons could look like.

You will also get a first insight into the Konstanzer Methode der Dilemma Diskussion® (KMDD®) (Konstanz Method of Dilemma Discussion) and Moralischer Kompetenztest© (MKT©) (Moral Competence Test – MCT). Multiple characteristics and advantages of this form of teaching can be applied to all subjects and not only to ethics classes.

I deliberately abstain from indicating exact textual sources. I only use footnotes to refer to theoreticians and practitioners respectively representing the relevant concepts. Perhaps you are interested in reading more there and deepening your knowledge. It is only at the end that you will find both an extensive list of references and notes referring to internet resources.

Even if the masculine form has been used for certain groups of people in the individual chapters, it shall be understood to include both genders.

Our acknowledgment goes to Luise Halbhuber & Seulgi Kim for their creative illustrations. For suggestions and corrections, we thank Georg Lind, Thomas Lind, Dr. Roman Arnold, Volker Reinicke and Susann Otto.

Have fun with reading and contemplation.

Martina Reinicke & John G. Y. Park

Contents

1

What actually is morality?

Moral
Competence
Reloaded

To start with, answer the following question:

Who do you want to be? (Please, tick.)

☐ a good guy   or   ☐ a bad guy

I'll come back to the answer somewhat later.

At first the question: What actually is morality?

The search for ,morality' on Google gives 260,000,000 hits thus revealing how great the uncertainty is when it comes to this term. It does not get much better when you search for "Definition of morality" – 68,200,000 hits. And even when you ask "What is morality?" the number of hits still runs into several millions.

Up until recently, morality belonged to the vocabulary used by do-gooders and also described the same somehow. Meanwhile,

Source : GNU Student Seulgi Kim

however, it has become trendy to speak of immorality. Many
people complain about immoral conduct and refer to the lack of
morality especially when they want to lend weight to huge in-
justice. It is immoral when bankers get rich at the expense of
their customers, immoral, the wheelings and dealings of major
corporations cheating car owners and the environment, immoral
when children drown in the Mediterranean and hunger in the
world exists at all. It is not only that we mix up morality with
justice, it remains unclear despite years of school education what
the word "Morality" actually means.

Source : Luise Halbhuber

The only subjects dealing with morality are ethics and religion. At least that is the impression you get when you study the cur—ricula of the individual German states. In a nutshell: The task of the students is to acquire moral judgment competence, ethical discourse competence and tolerance. To this end it is reflected, judged, disputed, contemplated, acquired knowledge is applied, and it is hoped we educate better people who feel committed to the values of our constitution. But far from it. Ask your students what morality is. The answer is simple: they do not know.

But perhaps the knowledge of morality is not necessary. What is certain is: although most people do not want to be bad (or how did you answer the initial question?) goodness plays a secondary role in everyday life. The normal, the mainstream is more important. Who really cares where the products bought come from, how the unfriendly neighbour is doing? Better he leaves you alone. Why do students who themselves had been bullied in the past, of all people, exclude others? How many parents know how their children actually are at school? Personal problems often enough compel us to be ignorant, look away, be hasty and superficial. More often than not there is no time for morality. Seemingly such "neither moral nor immoral being" is facilitated by modern media and social networks: much is possible, much is correct, much is normal, and much is also moral.

To draw nearer to the term morality, it might be helpful to use the abnormal, extreme, and extraordinary as reference. Put yourself in the following position:

Case 1

Let us assume you recently completed a German Red Cross training course and know now what to do in case of an emergency. While helping your mother-in-law mowing the lawn at the weekend, you suddenly hear cries from the garden next door. You understand that something bad must have happened. While dashing to the site you see your neighbour's son who has badly

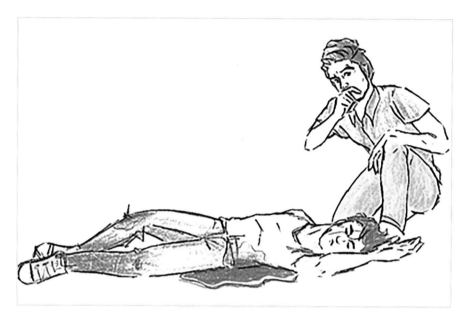

Source : Luise Halbhuber

hurt himself with the hedge trimmer. He is covered in blood. You know that a pressure bandage should be applied as quickly as possible. But you also know that the young man is AIDS−infected. You cannot find the protective gloves. If you do nothing, he will bleed to death (Lind, 2009).

What would you do? And why? The answer to the question "Why?" reveals one half of the answer to "What actually is morality? You will notice what is important to you, what you orient yourself towards when you believe you are doing the right thing. Was it the thing you really wanted to do or was there anything that kept you from doing it. Have you got a bad conscience?

What about the following case?

Case 2

You and your spouse have been trying for a long time to get pregnant. After three miscarriages and numerous unsuccessful in vitro fertilizations you decide to go to India and get the help from a poor Indian woman for money. She will become the surrogate mother of your child. Adoption is not an option for you. You want to have your own child. (This is the content of the movie "Monsoon Baby"). Would you do it or would you prefer to remain childless? Let us also assume you opted for the surrogacy. Would you grant this right to a gay or lesbian couple? And how do you justify your decision before yourself and before other people? Was the decision you (mentally) made really the best?

Source : GNU Student
Seulgi Kim

We could hold a lengthy discussion now on the circumstances that made you decide so but one thing is for certain: Although we want to do good, we have to do the opposite sometimes as a guilty conscience, remorse or at least a bitter taste are the inevitable consequence. At times, we simply cannot do what we want to do. Despite major concerns we are sometimes unable to do good. It is extremely interesting: Most of us condemn immoral conduct and hardly anyone wants to be a bad guy voluntarily but play that role now and then. I am pretty sure that most of us would do something against it.

Or as Socrates (B.C. 469-399) put it:

Socrates:But if there is no one who desires to be miserable, there is no one, Menon, who desires evil: for what is misery but the desire and possession of evil?

Menon:That appears to be the truth, Socrates, and I admit that nobody desires evil.

Socrates:And yet, were you not saying just now that virtue is the desire and power of attaining the Good?

Menon:Yes, I did say so.

Socrates:But if this be affirmed, then the desire for the Good is common to all, and one man is no better than another in that respect?

Menon:True.

Socrates:And if one man is not better than another in desiring the Good, he must be better in the power of attaining it?

Menon:Indeed.

Socrates:Then, according to your definition, virtue would appear to be the power of attaining the Good (Plato, Meno: 78a−78b).

In other words: In difficult situations and in particular situations where no one could simply say what is right and what is wrong, what we want to do is often far apart from what we can actually do.

Source : Luise Halbhuber

Morality is both:
Desire to do what is right (good) and doing it.

2

Where do we get morality from?

Moral
Competence
Reloaded

The desire to do good is not only a Socratic idea and therefore true, because it is old and Socratic so to say, but it is highly topical. Researchers in Canada and the United States (Bloom, 2013) proved by experiments that something like a moral code (Luhmann, 1987) is inborn. Even the youngest have a sense of what is good and bad, and what is more: intuitively they give priority to the good. "Morality is not just something that people learn. It is something we are all born with. At birth, babies are endowed with compassion, with empathy, with the beginnings of a sense of fairness." (Bloom, 2013)

So far, so good. But what happens afterwards? Why is it that this sense gets lost in some of us but not in others on the other hand? The answer is relatively simple. Think of the moral code as a muscle (Richter, 2014).

Source : Luise Halbhuber

As with all your muscles you have two possibilities: you either train them or not. Whether you do it is initially the responsibility of your parents and the school. But it also depends on friends and peers you choose or have to surround yourself with. And it is down to the society we live in. All of these influences deter—mine our further "moral career".

But our unique moral development (Kohlberg, 1995) also de—pends on our individual preconditions, in particular our mental (Piaget, 1973), psychic and genetic condition. A little child is not yet able to solve complex moral issues, empathize with others, an adolescent may have no regard for others (Keller, 1992, 2005) and even adults are not immune to taking decisions they later regret. Not least our moral career also depends on how we feel (Hoffmann, 2000) when we act morally and immorally resp.: Do we feel good or like the only fool?

Be that as it may, much suggests that we all come with the primeval need to do good and to like those who do good. Maybe this basic human conscience is only one of our reflexes of which many disappear already in the first months of life. What remains interesting: most of the reflexes disappear but not necessarily our inner voice. And if it disappears nevertheless, would it be possible to revive it again later in life?

One thing is for sure: whether muscle or inner reflex – once we know of its existence and are convinced of its necessity, we will use it provided we know how.

This is where the crux of morality lies in two respects: How can you train morality and, primarily, what for?

3

Is morality important?

Moral
Competence
Reloaded

?

The real question is a different one, however: Isn't it sufficient to adhere to existing norms in order to be moral? I think so up to a certain extent. It was Jesus of Nazareth, in fact, who made the point that too many do's and don'ts are hardly comprehensible and understandable and that the adherence to them in no way guarantees that everything is always done properly. For example, Jesus Christ showed the healing who has a right hand shriveled (Matthew, 12:9-14; Mark, 3:1-6; Luke, 6:6-11) and did the healing the crippled woman (Luke, 13:10-17) on the Sabbath. At the Home of Martha and Mary, he pointed out the priority of affairs to Martha and May with his disciples.

Not even if it is owed to a higher authority. His idea: a universal rule applicable to every situation.

Let us have a look at the current social situation: Who still knows this Golden Rule and who would use it voluntarily? Is this rule really as good as it appears at the first glance?

"Do unto others as you would have them do unto you."
(Proverb)

or

"Treat everyone the way you would like to be treated."(Luke, 6:31)

And Kant's idea? We would absolutely want the good and therefore do it by virtue of our will with no regard to our feelings. A good plan but it does not always work. We are thinking and feeling beings with drives and needs. Those who once tried to stop smoking or lose weight know how difficult it may be to control our own drives, even though we really want the best for ourselves. The same is true when it comes to doing what we suppose is the most decent thing for others, such as the needy.

In some circumstances, this may also not go according to our plan and even have negative consequences. Aren't you often a fool in our society if you want the good for other people - even though there are human rights with some of them laid down in our constitution? To say nothing of the fact that every rule, however universal, can be abused. What on earth is possible in the name of a higher authority?

Source : GNU Student Seulgi Kim

And all this although we naturally favour the good according to the latest research findings mentioned above. The ideal of a happy and just life together is inherent in all of us. And yet we sometimes behave unfairly. Our ideals and what is feasible are then more or less worlds apart. And it is exactly this divide that can make us very unhappy.

Now there arises the question of how this divide is brought about? Why are we unable to act according to our notions? A quick answer is: it is often the other persons' fault. But upon closer inspection the matter looks quite different.

Let us envision situations again which are "extraordinary" and how we would act in such situations.

Case 3

Jonas recently began working for large bank. Just like all the others he admires his boss. His boss has the reputation as an investment virtuoso. Many a transaction of his are

not even understood by the top managers. He often makes risky but successful deals worth millions.

Source : Luise Halbhuber

One day, Jonas detects some irregularities in these deals. He confronts his boss with this, with the latter stating that all those who are successful would act like this. Good money could be made this way. He offers to show Jonas how it works but it should be kept secret. Jonas says he would think it over. The next night he falls sleepless.

What should Jonas do? Should he play along? Or should he report to the board? Would you consider it right to hide the incident? Let us assume Jonas reports to the board: Is that really the best thing to do? What would you do?

Case 4

Annemarie has a 29-year old son. She is extremely worried. He had a motorbike accident shortly after he graduated from secondary school and suffered most serious brain injuries. He is now paralyzed from his neck down. He is even unable to speak. He communicates with looks only. For quite some time his eyes have been saying: "Help me, I cannot live this way any longer ". Annemarie has always wished her son would be helped but doctors say that there is no hope. Annemarie ponders: 'Shall she assist her son with dying?' She has to think for a long time. Then, she decides to administer him a lethal cocktail of tablets.

Source : GNU Student Seulgi Kim

Can you understand Annemarie's decision? And can you un-
derstand people who opt against euthanasia in such situation?

No matter how you see the relevant decision, would you be
willing to listen to the opposite side? If the latter had good ar-
guments, would you admit it?

Do you know why you consider other people's arguments right
or wrong?

Case 5

You work as an engineer for a major corporation. You know that a team manipulates products thus abusing the trust of customers.

Would you address the topic although it could mean losing your job?

Source : Luise Halbhuber

Case 6

A large car manufacturer wants to terminate contracts with its suppliers for cost reasons. The medium-sized companies are threatened with bankruptcy. In protest against it they suspend the performance of existing contracts.

As a consequence, a large part of the car production is crippled. For 30,000 employees, it means being on short time. A classic stalemate, so to say. Would you prefer to remain silent or take part? If so, why would you do it?

Source : GNU Student Seulgi Kim

Case 7

Let us assume (and I presume this may even apply to some of you) you were a headmaster of a large school centre. There are several students with handicaps: mental problems, physical impairments, some students do not speak German, others have learning difficulties, some have both. What would you do: Give orders or seek the dialogue with all parties involved? Would you be willing to actually talk to all parties involved or would it be too strenuous for you?

If you could answer all questions immediately and without fuss or quibble and would publicly express your opinion without applying means of violence, power or deceit, you can consider yourself morally competent.

You then have…

"the ability to resolve conflicts on the basis of universal moral principles by thinking and discourse rather than violence, deceit and power." (Lind, 2016)

It becomes even more difficult with problems which we do not even know about yet, i.e. future problems.

What does real inclusion look like? Imagine, no more borders…

Source : Luise Halbhuber

Or an entirely different subject:

If it was possible to make up your future child from a gene pool, what would you choose to do? If you could determine how long you want to live and there would be no limit in either case? How would you behave offline if communication took place in virtual space only? What would you do if you could only buy genetically modified food for your family knowing full well that although such food was inexpensive, it was also very unhealthy. Would you go to work even if you received a fixed basic income per month, as a basic provision?

Our society is undergoing a rapid development. Affordable smart phones have been available for just 10 years, the world

wide web is somewhat older and Facebook has only existed since 2004. And in 10 years' time this development will be history again. Still we do not use smart contact lenses, there are no flying skateboards or dream recorders yet. And cars still run on the road. It is not possible yet to communicate with the driver behind you via autodisplay (e.g. in a traffic jam). And our children are still taught at school rather than exclusively via the internet (Pearson, 2013; Kaku, 2013; Welzer, 2016; Kruse, 2004).

Would you know what to do in the event of a cyber-attack? If nothing works anymore: no ATM, no electronic devices, no water supply – simply nothing. Would you flee or stay?

These are scenarios which are conceivable for the future.

What do you think? Would you be able to tackle such futuristic conflicts in a fair manner on the basis of your inner perceptions, meaning the basis of principles all of us actually favour no matter how old we are, whether or not we fit the norm, whether we are indigenous people or foreigners?

You do not know? Never mind! You could learn it together with others.

4

Why school has to
promote morality

Moral
Competence
Reloaded

?

What is more: You could kill two birds with one stone: You could learn to shape both the present and the future without knowing what the future will bring.

Where else (except within the family) could you learn it better than at school? School as the place of learning is a social space not to be underestimated, where both a multitude of different people and peers come together. School is therefore an excellent opportunity to deal with others. Strictly speaking, school is the only place where children and adolescents can learn democracy. Those who live in a democracy should know how to practice it.

Moreover, school is an important place where people with a different past, different preconditions, cultural backgrounds and other features meet. The current efforts to bring together such different people (always under the motto "Integration" and "Inclusion") are only one possibility to meet the social requirements.

But integration measures as an attempt to lump diversities together under one norm will be doomed to failure sooner or later as I see it.

Inclusion is not: If you want to participate, conform to the social and cultural norms of the majority. This has very little to do with democracy. Inclusion, on the other hand, entails: Diversity as a fundamental and important fact allowing everyone to fulfil their needs in such a way that they have access to the means they need for playing, learning and living.

This aspiration certainly contains explosive material and a great potential for conflict. In a fast-paced, digitized and pluralistic society like ours it is the only viable approach, however.

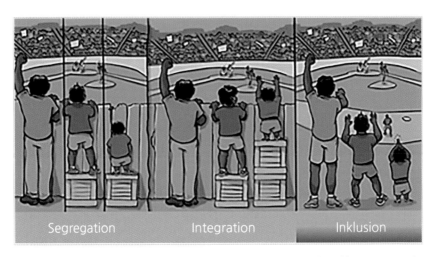

Source : Adapted by Angus Maguire

It is the only way to meeting the requirements arising from the above mentioned social circumstances.

Inclusion therefore initially requires a positive attitude to both: towards diversity and equal participation of all. Inclusion also requires the ability (of all parties involved in the process) to implement inclusion. Inclusion is a process of constant dispute, ongoing conflict resolution. In fact, the journey is the reward. It means: Student and teacher, employee and employer, doctor and patient, entrepreneur and customer or supplier have to learn to resolve conflicts resulting on the one hand from the diversity and the entitlement to equality on the other. And what is most important: They have to be put in the position to be able to do it.

If we are unable to "resolve conflicts on the basis of universal moral principles by thinking and discourse …", (Lind, 2015) authoritarian structures, pluralistic ignorance (Lind, 1995), bystander effects, spirals of silence, collective repression and even radicalization and other forms of power, deceit (also self-deception) and violence (also violence against oneself) will be the consequence.

This is why I think that successful inclusion is and remains the best remedy against violence.

The following scene from my ethics classes: A class discussing (to answer the question what can be done against exclusion) why there presumably is no outsider in their own class. Suddenly a student comes forward and says: "I think the reason is that we are all so different." And another student: "Yes, and if something comes up after all, we resolve the matter fairly."

Resolving conflicts fairly is not taught at a school if the main goal of this school is the maximum accumulation of knowledge and cramming facts for hours on end which are up-to-date today but obsolete tomorrow. These kinds of lessons do not take us very far. It is more important to acquire skills that help us resolve any kind of problem later in life or at least cope with difficulties more easily. I call this "Learning for Life". Our students need skills that put them in the position to lead a happy and fulfilling life even if it has been a few years since leaving school. The "know that" is one thing but the "tacit knowledge" (Polanyi, 1966) a different thing altogether. Though the latter is absolutely important in life, it hardly plays a role in classes nowadays. Tacit knowledge is internalized knowledge. It was acquired by application, and we are mostly not aware of it.

Think of car driving, for example. At the driving school, we sometimes frantically tried to remember what gear is best to use for turning. This is no longer something we find difficult now.

Today, with years of driving experience, we have to think about which rule to recommend in this situation to our own children who are about to get a driver's licence. Today we are able to drive a car and need not think about it.

This skill comprises so much more than pure factual knowledge (Do you still know the inner structure of an engine? Honestly, I have forgotten.). Nevertheless, we know how to drive car. We can apply this ability to any situation and use it in a responsible way.

Source : Luise Halbhuber

Admittedly: The Road Traffic Regulations apply on the road and any breach is often heavily fined. And yes: some contemporaries drive so recklessly that one has to assume forgetting Section One was the first thing they did. I am pretty sure, however, that most of the former students could drive a car even without road traffic regulations and sanctions. This automated knowledge is important in many spheres of life, especially when it comes to dealing with other people but also when it concerns your own life.

5

Can morality be taught?

Moral
Competence
Reloaded

The answer is "Yes"! (Lind, 2009)

In this chapter, I would like to present a method to you that demonstrably teaches morality. More detailed evidence will be supplied in the chapter "Marks for the teacher⋯".

As mentioned in the preamble already all specifics of this method can definitely be translated into every area: lessons, work, leisure and even the family. Be creative.

We speak of the Konstanz Method of Dilemma Discussion® (KMDD®). The KMDD has been developed by Georg Lind over a 20-year period. This method builds on the communicative ethics by Habermas (1976, 1981, 1983) and Apel (1988) as well as the dual aspect theory of moral education and development by Lind (2009, 2015). Kim

At the first glance, the KMDD appears to be a form of discussion that takes place in nine stages. When taking a closer look, however, its entire potential becomes obvious. It shows how this method differs from other forms of teaching, in particular from that of conventional teaching.

6

The teacher "disappears"

Moral
Competence
Reloaded

Anyone who has attended a KMDD session is immediately im-
pressed by the role of the teachers in this form of discussion,
namely almost none. The effect: leaving aside the fact that this
method saves nerves and strength, you earn the respect of your
students.

There is absolutely no magic to it. Quite the contrary. The
teacher merely does what sometimes appears to be almost im-
possible: The teacher is not omniscient, it is the students who
are the professionals.

Yes! This is something that needs getting used to, after all we
are the college graduates. But during a KMDD session the
teacher's task is no longer the transfer of knowledge in a more

or less dry manner often felt as boring by the students (and sometimes also by teachers). The teacher's function is a different one:

The students are given a "nut to crack", i.e. an interesting problem but extremely difficult to solve.

The students are encouraged to face the problem, show their colours and argue with others in a fair manner, of course. The whole thing will only be successful when the students' nerves are hit. It then gets exciting and the double lesson flies by. What you initially need is a fascinating story.

7

A story for the students

Moral
Competence
Reloaded

The requirements for such a story are very high: It must be short and embody a moral issue that is exciting and tricky for students. The hero of the story has exactly two options to tackle the problem. But both options are bad because the inner self of the protagonist struggles against it. No matter what he/she does, he/she could not happily live with either decision.

This is precisely what the students have to empathize with. If you like, the story must be written so that almost everyone can empathize, which means that the students' feelings must be addressed. Everything else is boring and probably not worth discussing for your students.

Give it a try! Write a short dilemma story and present it to your students. Ask whether anyone sees a problem and what it is about. You need not be an ethics teacher for it. You can use such a story in every subject.

Moral problems exist everywhere: in business, the environment, in biology, art, science and law, politics, the family and yes, even with mathematicians and in sports. You will see that the conversation with your students kicks off right away and understand how the kids really tick.

But be careful. Although your story should be touching, the emotions should not run too high. An unfavourable hormone cocktails hampers thinking as is well known.

Have you ever tried to keep cool while lovesick or lovestruck and calmly reflect upon your situation? And on top of that: Hardly anyone can take a reasonable decision in a situation like this - a decision you neither regret nor that breaks your heart.

Write your story as follows, for example:

Kristin's observation

Kristin is stressed out. Her working day was long. She still has to do her shopping and can then go home at last. When arriving at the checkout a long queue has formed. The card payment system does not work. While the checkout girl is dealing with the payment problem Kristin looks around.

Suddenly she notices a young woman putting two bottles

of high-proof alcohol secretly into the rucksack of the customer in front of her.

Kristin is pondering at length whether to tell the cashier of her observation.

When she is ultimately the next in the line Kristin says nothing.

Source : GNU Student Seulgi Kim

When you speak you need to leave some breaks to allow for con-templation: between presenting the problem of the protagonist, the protagonist's hesitation and the decision.

You could invite a certified KMDD teacher as well to come to your classes to conduct the KMDD session for you and use time-tested stories. The web address can be found below (http://www.uni-konstanz.de/ag-moral/moral/kmdd_lehrer.htm)

Perhaps you want to become a certified KMDD teacher yourself. This is possible, too.

8

The huge battle

Moral
Competence
Reloaded

But let us return to the dilemma story first. Once your students have taken the bait, and see your story as a topic worth discussing, they will think about it voluntarily: about the protagonist but also about themselves. Why do I consider it a decision good or not? What might the main hero of the story have thought before taking the decision? What are the pros and cons of the outcome of the story? What do the others think about it? What do my classmates say? (Not the teacher!!! "The teacher would not understand anyway.")

This kind of contemplation is very important as is the finding of and exchange with like-minded people. In the Huge Battle, the 30-minute discussion of pros and cons, it is then necessary to unveil the personal opinion, try out whether the others can be convinced, listen to what the others have to say, wait one's turn even if one cannot wait.

What does it feel like when the personal opinion meets with support by others, or on the contrary, when you cannot persuade the others by what you have to say?

And now you as the teacher come into play again. It is your task to introduce two simple rules at the beginning of the discussion, no more:

Despite freedom of opinion no-one shall be evaluated, neither persons inside nor outside the room (freedom of speech).

The one who speaks always passes the right to speak on to the opposing side (ping-pong rule).

Source : GNU Student Seulgi Kim

That is it. Your only task is to make sure that these rules are observed. The best thing is: You need not say much and it works nonetheless. You simply raise your thumb if rule No. 1 is breached and your index finger upon the breach of rule No. 2. (But be careful when teaching students from different cultures. Slightly change the hand signals as needed.)

And, of course, all arguments have to be written down (visible for all) because at the end of the discussion the "Argument award" will be awarded to the opposing side. Yes, you read it correctly: at the end compliments of the opposing side and their opinion will be given. You say thank you, so to say, for a fair competition of opinions.

Oh, I almost forgot. If the seating arrangement in the classroom is different, it needs to be rearranged at the beginning of classes. Four-person tables enabling group work should be arranged like diamonds and every student should be able to look to the front initially.

Like this…

An authoritarian seating arrangement as we know from teacher-centred classes does not work at all. You know that you as a teacher have to make yourself almost invisible. The authorities in the classroom are your students.

9

Learning effects and didactic principles

Moral
Competence
Reloaded

The probably greatest effect also for teachers is that your students are prepared to learn something and attentively follow the 90 minutes required for a KMDD session. It is even considered proven that the willingness to learn lasts longer, thus positively influencing the attitude towards school in general.

Why is that?

Mainly because the learning process is a sequence of phases that support and challenge the students. A real challenge for the majority of students is, for example, the confrontation with opposing opinions they have to listen attentively and patiently to.

People attending the sessions have to wait for the right to speak which will be granted to them by an "opposing" classmate. Yes, you read it correctly. The teacher does not give the floor but a student does, and on top of that, someone who holds a completely different opinion. This requires self–control as insulting, pushing, interrupting and putting yourself forward do not work, whether you are pro or con. The advantage: The discussion runs in a self–controlled way. Do you still remember? The teacher solely refers, preferably nonverbally, to the breach of a mere two! rules of discussion.

Another challenge for many students is the dilemma story that opens the session because it is only semi–real. What does that mean? The story holds no real conflict, e.g. from the life of a concrete student. The conflict is one that could arise and that is, as such, tangible. The discussion, however, is on the intrinsic moral issue. In no case the students should discuss any known person. The discussion might run too hot, charged too much with emotions. All persons are therefore fictitious and so the story becomes semi–real. Moreover, the story must not relate to a conflict which currently dominates the media. Recounting the arguments of the media has nothing to do with opinion–forming. In a KMDD session you have to rack your brain. Even if this is basically only a rehearsal for a real challenge.

The learning effect can even go beyond triggering a willingness to learn and making students pay optimum attention. This, however, requires that KMDD sessions are attended regularly and if possible, from the third grade on.

Your students will try to solve real conflicts in a different man–

Source : GNU Student Seulgi Kim

ner too. They will try to put themselves in someone else's position and understand this person and become more helpful (McNamee, 1977), have more fun in learning (Lind, 2016), be better able to make decisions (Mansbart, 2001; Prehn & Kollegen, 2008) and have also fun in thinking (Nowak, 2013). Even outside the classroom your students will stick to rules in a better way (Lind, 2016), commit themselves to a democratic togetherness and reduce prejudices (Lind, 2016). There have even been indications that substance abuse (Lenz, 2006) and the propensity to violence decrease (Hemmerling, 2009, 2014; Scharlipp, 2009).

It gets even better.

It is considered proven that the Konstanz Method of Dilemma Discussion® can reduce the gap between our ideals and what we actually do.

It has been examined and tested umpteen times over more than forty years (http://www.uni−konstanz.de/ag−moral/moral/dild−isk−d.htm). Now, your students not only know what is good, they also do it. They are in the position "to resolve conflicts based on universal moral principles by thinking and discussion rather and violence, deceit and power" (Lind, 2015).

10

Diversity is welcome

Moral
Competence
Reloaded

?

It is of no significance what the student's social background is, whether any disadvantage or handicap exists, whether their parents are rich or poor or whether they come from another country or are natives. Not even learning difficulties play a role. For some students, a KMDD session is one of the rare opportunities to bring in their own specific qualities enriching the discussion, to get a chance to speak and to be taken seriously. Students become more confident and "as a pleasant side effect", learn to competently manage ambivalent situations. Entirely new opportunities arise within international KMDD sessions. This has become even more important since more and more people with foreign roots and migration background respectively live in Europe and therefore also in Germany.

According to the "World Population Review" they add up to

Source : GNU Student Seulgi Kim

about 10 million in the population in Germany.

About every third student in former west Germany has foreign parents (Federal Statistical Office: Mikrozensus, 2014) may possibly grow up under very special cultural conditions. KMDD sessions provide the opportunity to exchange on this issue too, to experience and learn democracy step by step.

Studies show:

It is not important where a person comes from, all people are morally oriented, although not necessarily morally competent. This means that many people in many countries of the world (not only in Europe) internally endorse the higher levels of moral orientation. But we have one problem in common: We are often not able to act accordingly. We sometimes act morally incompetently so to say. We orient ourselves by authorities, prescribed norms, by things others expect from us rather than by ourselves.

But - and this is good news - everyone can become more morally competent with the right lessons. Best we begin (as mentioned before) at primary school and never stop doing it (Schillinger, 2006; Lupu, 2009; Saedi, 2011).

Morality is teachable!

11

"Marks" for the teacher
or how to measure morality

Moral
Competence
Reloaded

?

Let me start with the latter. As mentioned before, the effec-
tiveness of KMDD sessions has been repeatedly demonstrated.
But it is also possible for all other teaching methods to measure

Source : GNU Student Seulgi Kim

whether the gap between our moral orientation (how we want to be) and our actual conduct has closed to a certain degree.

Morality is quantifiable!

For quite some time we have known that most of the conventional teaching methods do not yield the required results regarding moral development, not even the so-called "hot" discussions on real conflicts and dilemmas. It has been shown that medical students partially lose their (initially) high moral competence due to fact cramming (Lind, 2013). This is alarming as the medical profession is, in fact, one of the helping professions.

The measuring tool by which such effects can be made visible is unique and is called Moral Competence Test© (in short: MCT©).

This test was developed by Prof. Dr. Georg Lind back in 1978 and has been applied in various areas worldwide: at schools, colleges and universities, different degree courses, the armed forces and even prisons (http://www.uni-konstanz.de/ag-moral/moral/kmdd- references.htm).

The MCT builds on the latest findings of moral psychology. Based on the dual-aspect-two-tier model Georg Lind and colleagues proceed from the assumption that although we can be aware of our moral behaviour (moral competence) and our moral ideals (moral orientation) we, in most cases, remain unaware of them. But both are expressed by our thinking and our feelings, especially in situations where hardly anyone knows exactly what is right and what is wrong.

Since it is impossible to separate the conscious from the un-conscious, and reason from emotion, the actual moral orientation of a person can be measured neither by their conformity nor non-conformity. Our day-to-day behaviour shows how well we can adhere to social norms and expectations but mostly not what we use for orientation and even less the degree of our moral competence.

The Moral Competence Test (Lind, 2015) helps us bring to light both the moral orientation and the moral competence of a person.

The MCT is the only test that measures both the inner attitude of a person and their capability to follow it (rather than author-ities and regulations). Hence, it measures whether the gap be-tween the thing we want and what we actually do has somewhat diminished (Plato, Meno).

The test can also be easily done at school and can be conducted at the beginning and at the end or prior to and after a KMDD session. You will then see whether the participants have devel-oped in moral terms. Conducting the test will not take more than 15 minutes which is no big deal. The evaluation is somewhat more extensive but can be done with a computer program. Be-tween the two tests it is sufficient to have one or more KMDD sessions in the course of one school year.

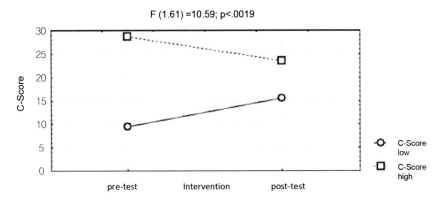

Change of moral competence with different initial values

F (1.61) =10.59; p<.0019

Source : Martina Rmieinicke (2016)

In the Moral Competence Test© (MCT) the students have to evaluate arguments for and against the decision of the relevant protagonist of two different dilemma stories. Altogether the students assess six arguments for and against each of the two dilemma stories on a scale of - 4 to + 4. The various arguments correspond to different levels of moral development.

The MCT is totally anonymous. It does not matter what the individual student answered. The test result of the group is crucial.

This is the only way to show whether, for example, a certain teaching method and the lessons in general have contributed to the development of the class. When the class develops, each individual student can improve - a profoundly inclusive approach.

As an example: I measure the moral competence of my students every year and hold regular KMDD sessions (2 every school year). I have noticed that the moral competence has been constantly improving for years. But when I took a closer look at the data of the last school year I found that the C-Score had dropped in one class and in particular with the students who had shown a high moral competence before.

I put this down to the fact that one of my remarks must have caused these students to suspend their cooperation with me. The MCT helps to determine this. You can measure how sensitively students respond to the behaviour of an authority, e.g. the teacher. A tiny improvidence can have far-reaching consequences. Now, we can prove that people of a high moral competence have the ability to critically deal with tasks given to them by an authority. But we also know "that this thinking capacity may lead to obstruction" (Lind, 2017, unpublished comment). Teachers can discourage their students from acting democratically, so to say. Often it goes undetected and one asks why the students of exactly this class are so indifferent, but orient themselves by alleged authorities in their free time. Would you have thought: In this case the bad mark is given to the teacher. But the big advantage: this "mark" as with every other school mark, is subject to data privacy. It is important that you personally know how your lessons actually are. It is up to you whether or not to talk with your students about it. But why not? At a KMDD session it is quite normal to reflect jointly at the end of the session. Did you have fun? What did you learn in this session? Was there anything you did not like and what was good about it? Quite suddenly the task of the teacher, i.e. your task, becomes a double one: You develop both the moral competence of your students and your own (Dewey, 2009). And once methods like the Konstanz Method of Dilemma Discussion® belong to the school routine no one can evade this special effect - a challenge worthwhile for all parties involved and the birth of a new culture of dialogue.

This

"…culture of dialogue implies a real learning process and an asceticism helping us accept the other as an equal partner and permitting us to see the foreigner, migrant and member of a different culture as a subject you listen to, as a recognized and respected counterpart …. Peace will be lasting to the extent we equip our children with the tools of dialogue and teach them the "good battle" of meeting and negotiating. Thus, we will be leaving them behind a culture that knows how to outline strategies that do not end up in death but in life, that do not lead to exclusion but lead to integration instead. This culture of dialogue that should be incorporated in all school curricula as a comprehensive axis of subjects, will teach the young generation a different kind of conflict resolution than the one we teach them now "(Pope Francis, 2016)

12

Summary of my second
KMDD training

Moral
Competence
Reloaded

?

I (Martina Reinicke) have been a KMDD teacher for several years now. I have learned a lot during this time: In particular how to recognize my own limits and draw the right conclusions from them. At our school, KMDD sessions have become an integral part of the training. The Konstanz Method of Dilemma Discussion© is a teaching method appreciated by many teachers and students.

I have learned that it needs perseverance to establish this method at a school. And it is only now that more and more learning effects become visible for others too.

The KMDD is a classroom discussion reviving the Socratic concept: Discuss using reasonable means and thus gain knowledge of what is good. The KMDD was developed from classroom discussions by Moshe Blatt and Lawrence Kohlberg. It picks up the

ideas of discourse ethics by Habermas (1976, 1981, 1983) and basic approaches of the discourse method developed by Oser (1991).

Professor Lind, experimental psychologist and philosopher, is the inventor of the Konstanz Method of Dilemma Discussion©. His dual—aspect theory is its theoretical basis (Lind 2009, Lind, 2015). The KMDD makes it possible to become aware of your own moral principles by thinking and discussing with others. It re—

quires a discourse that is free of powerful emotions. It is only under these conditions that decisions can be carefully reviewed. Moral principles can then become sustainable decisions. At best, they become sustainable actions. According to my perception, the students are more helpful, have a higher ability to under-stand others, take better decisions, learn better and are less ig-norant. To attain this level, the students have to control their own opinion with their conscience and be in the position to dou-ble-check it by other people's opinions. This enables them to continuously develop their moral competence. Moral education takes place by continuous development of personal moral com-petence. Moral competence means the "ability to resolve conflicts through thinking and discussion on the basis of moral ideals (principles) rather than through violence, deceit and abuse of power". And more specifically, it is defined as the "ability to as-sess the reasoning of other people with respect to their moral quality rather than their opinion conformity" (Lind 2008, Lind 2011, Lind 2015). At a KMDD session, I learned it is possible to have my students develop maximum attention and willingness to learn. I can motivate students to develop their thinking and dis-cussion. At a KMDD session students learn, for example, how to moderate a discussion. To this end, the teacher has to introduce only two rules of discussion. In the course of the discussion the students learn to focus on the subject rather than on people. This learning process starts out with the presentation of the dilemma story. But by no means does it end after the 90 minutes of the KMDD session. I learned that KMDD sessions have a long-term effect. Scepticism about this method mainly arose from the following: A lack of knowledge of this method and its theoretical background; the insufficient mastery of its tools, or both. As part of my second certification I had lengthy discussions with my colleagues about the first certification and the feedback of my sessions showed that at that time I was already good at this or that but not yet so good at other things. Initially there were breaks that were too long in the plenary discussion when reasoning stagnated. The quality of the dilemma stories and the presentation of the same were frequently major causes. At first, the students considered the ping-pong rule disturbing. But I had clumsily explained it back then. And I was much too exact when it came to supervising the observance of the freedom of opinion. Laughing, as long as it is not laughing at someone, is part of the KMDD session today. It is even a sure indicator that the lesson is fun. I remember it well when during the migration crisis students asked me after a KMDD session to have a proper debate again. I agreed and asked one student to chair the debate. I also asked him to set up his own rules for discussion. "With me everyone can say what they want", he proposed. The debate was passionate and a helter-skelter. Suddenly the moderator stepped in and said: "I am in favour of adopting Mrs. Reinicke's rules anyway." They all agreed. Then, the debate took place in a more sober way although still very emotional. The two rules alone are not what make the KMDD special. I, as well as my students, understand better and better that the 90 minutes are more than just a special form of discourse: You become aware of your own feelings, learn to think and talk about them, argue with others about them, learn to listen to others, and learn to appreciate completely opposing opinions. In brief: You learn to forge your own informed opinion. And you learn to act in a democratic way. I have learned that, in order to reach this goal, you as the teacher have to become aware of your own role. Often enough we manipulate our students unconsciously: With our facial expression and gestures, the manner we use to listen to our students, the way we respond to what they say, how we ourselves accept and give feedback. We have to give marks but how and what for? These are the decisive questions. I have learned it is important to motivate our students to be willing to learn for their own life rather than the upcoming examination. It is necessary on the one hand to support them in doing so and on the other to challenge them by way of difficulties. I am still fascinated by the role I play at a KMDD session, strictly speaking: almost none and still the lesson goes well. I have learned to have greater confidence in the students. Also at a vocational school apprentices are able to exert discipline over themselves and still be creative provided they have the right tools. I am interested in my students' opinions. It is interesting and revealing to listen to them. One thing I have definitely learned: I now listen better to my students and appreciate them for making their views openly known. I have learned that the courage to speak one's mind should not be taken for granted. It means that I myself have changed my role as an ethics teacher since I became a KMDD teacher. Only recently a student approached me in the school parking lot: "Mrs. Reinicke, I really have to tell you something: You have to become stricter again." (Years before in her first training she experienced a different me). Weeks later, when I told this anecdote to a different class I was surprised: "For heaven's sake, no!" was the unanimous opinion of the students. When I asked what they meant they answered: "What you teach is human and authentic. You have a real interest in us. Our ethics lessons inspire us to think and debate seriously."

This is the way the teacher increasingly "disappears" during a KMDD session but at the same time challenges the students and supports them in being morally competent. The students learn to exercise their democratic basic right to freedom of expression. I now still sometimes lack the inner serenity needed to be able to understand every student. It is often noticed by my body lan−

guage but this has much to do with my own bringing−up and my own experience. To get rid of it is, indeed, not easy. The only thing that helps is filming and watching my own lessons. Conversations on the KMDD with others who are interested in this method as well as with people who are sceptical towards it are also good. Some of my colleagues were particularly sceptical when I proposed to conduct a KMDD session with our foreign students. But when I invited two colleagues to attend this session and we talked about it days later, a lot of new and valuable ideas emerged from this conversation. I have learned: Not to see my mistakes as shortcomings but a reserve for self− improvements. Transparency and openness are the key when it comes to changing things. I also learned to converse with my colleagues about the planned sessions. Many of them want to know in advance what it will be about this time. Often a spontaneous dilemma clarification takes place during a lunch break in the teachers' room. So, I know beforehand whether someone can see a dilemma in a story or the story is not so good and has to be improved. Quite spontaneously suggestions for improvement are made and personal stories are told. These breaks are never boring. Everyone has something to say, to express their view. It is not uncommon that the following proposal is made: "You could write a story on this subject." At times I then try to do that and even manage now and then. I also learned to take students on board. Every year I have a class that has the privilege to act as "initial examiners" of my stories. They enjoy it like little children when Mrs. Reinicke comes up with a new story. Since I have only one lesson per week with this class, we generally get to the dilemma clarification only. But even that boosts moral competence: these students think about a problem, they learn to recognize the moral core of a problem, they learn to formulate their own moral feelings and they hear what the other students think about it. I have also learned to make use of the potential of the Konstanz Method of Dilemma Discussion© as a school counsellor. The KMDD as an inclusive teaching method creates different opportunities to cater to students individually and strengthen them no matter which specifics have to be taken into account. The KMDD is suitable for all students, everyone is valued, some them for the first time. And I have learned that conducting KMDD sessions can bring about changes to the school culture. Students become more confident, more helpful, more willing to learn and understand others much better. These arguments cannot yet be verified by figures but that is how I perceive it⋯

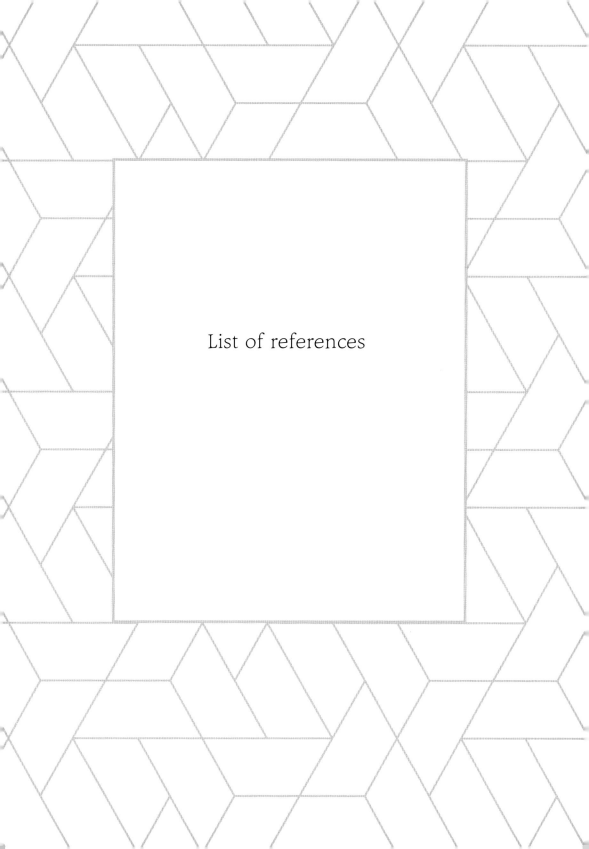

List of references

New Testament

Apel, von Karl—Otto, (1990[1988]). Diskurs und Verantwortung. Das Problem
    des Übergangs zur postkonventionellen

Avramidis, E.; Kalyva, E. (2007): The influence of teaching experience and
    professional development on Greek teachers' attitudes towards inclusion.
    European Journal of Special Needs Education, 22(4), pp. 367–389.

Benhabib, S. (1995): *Selbst im Kontext: Kommunikative Ethik im Spannungs—*
    feld von Feminismus, Kommunitarismus und Postmoderne. Frankfurt am
    Main: Suhrkamp.

Blasi, L. D., & Holzhey, C. F. (2014). *The Power of Tolerance.* A Debate.New
    York: Columbia University Press.

Blatt, M. & L. Kohlberg. "The effects of classroom moral discussion upon chil—
    dren's level of moral judgment." Journal of Moral Education. 4, 1975.

Bloom, P. (2013): Just babies. The origin of good and evil. New York: Grown
    publishers.

Dewey, J. (2009): *Democracy and Education.*Radford: Wilder Publications.

Eagly, A. H., & Chaiken, S. (1993): *The psychology of attitudes.*Fort Worth,
    TX: Harcourt Brace Jovanovich College Publishers.

Eagly, A.; Chaiken, S. (2007): The Advantages of an Inclusive Definition of
    Attitude. Social Cognition: Vol. 25, Special Issue: What is an *Attitude?*pp.
    582–602.

Elsberg, M. (2013): *Blackout— Morgen ist es zu spät.* Blanvalet

Federal Statistical Office (2015): *Mikrozensus.*

Fleras, A.; Leonard E. (2002): *Engaging diversity. Multiculturalism in*
    *Canada.*Toronto: Nelson Thomson.

Gage, N. L., & Berliner, D. C. (1998): *Educational psychology* (6th ed.).
    Boston, MA: Houghton Mifflin. [Also, Gage, N. L., & Berliner, D. C., In—
    structor's manual for Educational Psychology (6th ed.). And, Bierly, M.
    M., Gage, N. L., & Berliner, D. C. Student Study Guide for Educational
    Psychology (6th ed.)

Geißler, R. (2004): *Einheit – in – Verschiedenheit.* Die interkulturelle Inte—
    gration von Migranten – ein humaner Mittelweg zwischen Assimilation und
    Segregation. in: Berliner Journal für Soziologie 14, 287–298.

Graz, D. (2008): *Sozialpsychologische Entwicklungstheorien: Von Mead, Piaget und Kohlberg bis zur Gegenwart*.4thedition.Wiesbaden.VS Verlag für Sozialwissenschaften.

Habermas, J. (1976). *Rekonstruktion des historischen Materialismus.* Frankfurt: Suhrkamp.

Habermas, J. (1981). *Theorie des kommunikativen Handelns.* Frankfurt: Suhrkamp.

Habermas, J. (1990[1983]). Moral consciousness and communicative action. Cambridge, MA: MIT Press.

Hemmerling, K. (2014): *Morality behind bars: An intervention study on fostering moral competence of prisoners as a new approach to social rehabilitation.* Frankfurt am Main: Peter Lang.

Hemmerling, K.; Scharlipp, M.; Lind, G. (2009): Die Konstanzer Methode der Dilemma-Diskussion für die Bildungsarbeit mit Risikogruppen. In K. Mayer & H. Schildknecht (Eds.), *Handbuch Dissozialität, Delinquenz und Kriminalität. Grundlagen und Methoden der professionellen Arbeit mit Menschen mit abweichendem Verhalten.* Zurich: Schulthess Juristische Medien.

Hoffman, M.L. (2000). Empathy and moral development: Implications for caring and justice. New York: Cambridge University Press.

Hofstede, G. (2003): *Cultures and organizations: software of the mind.* New York et al.: McGraw-Hill.

Kaku, M. (2013): *Physik der Zukunft: Unser Leben in 100 Jahren.* Rowohlt

Kant, I. (1775): *Eine Vorlesung über Ethik.* Frankfurt: Fischer.

Kant, I. (1785): *Grundlegung einer Metaphysik der Sitten.* Stuttgart: Reclam.

Kant, I. (1787): *Kritik der praktischen Vernunft.*Stuttgart: Reclam.

Keller, M. (1992): Soziales Verstehen und soziales Urteilen im Kindesalter. In: F. Oser & W. Althof, Hrsg., Moralische Selbstbestimmung. Modelle der Entwicklung und Erziehung im Wertebereich, pp.196-198. Stuttgart: Klett.

Kohlberg, L. (1995): *Die Psychologie der Moralentwicklung.*Frankfurt: Suhrkamp

Kruse, P. (2004): *Next practice. Erfolgreiches Management von Instabilität.* Offenbach: Gabal.

Latzko, B.; Malti, T. (2010): *Moralische Erziehung in Kindheit und Adoleszenz.*

Göttingen: Hogrefe.

Lenz, B. (2006). *Moralische Urteilsfähigkeit als eine Determinante für Dro-genkonsum bei Jugendlichen.*[Moral judgment competence as a factor of substance consumption in adolescence.] Master thesis, Department of Psychology, University of Konstanz.

Lind, G. (1987): *Studentisches Lernen im Kulturvergleich: Ergebnisse einer international vergleichenden Längsschnittstudie zur Hochschulsozialisa-tion.*In Barbara Dippelhofer-Stiem und Georg Lind, Weinheim: Deutscher Studien Verlag.

Lind, G. (1995): What do educators know about their students? A study of pluralistic ignorance. In: R. Olechowsky & G. Svik, Hg. *Experimental Re-search of Teaching and Learning,* S. 221-243. Frankfurt, Bern: Peter lang.

Lind, G. (2002): *Ist Moral lehrbar?* Berlin: Logos.

Lind, G. (2009): *Moral ist lehrbar.*Munich: Oldenburg.

Lind, G. (2013). Moralische Kompetenz und Globale Demokratie. In Rohbeck, J. & Tiedemann, M. (Eds.) *Philosophie und Verständigung in der plural-istischen Gesellschaft.* Jahrbuch für Didaktik der Philosophie und Ethik 14. Dresden: Thelem.

Lind, G. (2015): *Invited keynote address to 9thInternationalSymposium"MoralCompetenceandEducation—EarlyChild-hoodandBeyond".* PH Weingarten, Germany, 31 July-1 August 2015.

Lind, G. (2015): *Moral ist lehrbar.* Berlin: Logos.

Lind, G., 박균열 · 정창우 역,『도덕적 민주적 역량 어떻게 기를 것인가[How to Teach Morality. Promoting, Deliberation and Discussion, Reducing Vi-olence and Deceit], 서울: 양서각, 2017[2016].

Lind, G. (2017): *Moralerziehung auf den Punkt gebracht.Schwalbach*/Ts.: Wochenschauverlag.

Lind, G., (1992) Rekonstruktion des Kohlberg-Ansatzes: Das Zwei-As-pekte-Modell der Moralentwicklung. In F. Oser & W. Althof (Eds.), *Moralische Selbstbestimmung.* Stuttgart: Klett-Cotta.

Luhmann, N. (1987): *Soziale Systeme: Grundriß einer allgemeinen Theorie.*Frankfurt (Main): Suhrkamp.

Lupu, I. (2009). *Moral, Lernumwelt und Religiosität. Die Entwicklung moralis-cher Urteilsfähigkeit bei Studierenden in Rumänien in Abhängigkeit von Verantwortungsübernahme und Religiosität.* [Morality, learning environment, and religiosity. The development of moral judgment competence of university students in Romania in relationship to responsibility—taking and religiosity. Translation: Georg Lind] Doctoral dissertation, Department of Psychology, University of Konstanz, Germany.

Mansbart, F.J. (2001): Moralischer Einfluss der moralischen Urteilsfähigkeit auf die Bildung von Vorsätzen. Universität Konstanz. unveröffentlichte Diplomarbeit, FB Psychologie.

McNamee, S. (1977): Moral behaviour, moral development and motivation. *Journal of Moral Education, 7*(1), 27—31.

Moral. Frankfurt: Suhrkamp

Nordbruch, G. (2014): *Diversität als Normalfall. Das Projekt Zwischentöne— Materialien für das Klassenzimmer.* Eckert. Beiträge 2014/3.

Nowak, E., Schrader, D. & Zizek, B., (Eds.) (2013): *Educating competencies for democracy.* Frankfurt (Main): Peter Lang.

Oser, F. (1991), Professional morality: a discourse approach (the case of the teaching profession), in William M. Kurtines, Jacob L. Gewirtz, eds., *Handbook of Moral Behavior and Development,* L. erlabum.

Paige, R. M. (2004): On the nature of intercultural experiences and intercul—tural education. In R.M. Paige (Ed.), *Education for the intercultural ex—perience* (pp.1-20). Yarmouth, Maine: Intercultural Press.

Pearson, I. (2013): *You Tomorrow: The future of humanity, gender, everyday life, careers, belongings and surroundings.* Create Space Independent Publishing Platform.

Piaget, J. (1973): *Das moralische Urteil beim Kinde.*Frankfurt (Main): Suhrkamp.

Plato: Sämtliche Dialoge/ Platon (Bd.2). In Verbindung mit Hildebrandt, K.; Ritter, C. Schneider, G. (1993): Hamburg. Meiner.

Polanyi, M. (1966): The tacit dimension. New York: Doubleday & Company.

Pope Francis (2016): *Speech at the award ceremony of the Charlemagne Prize,* on May 6, at the Vatican.

Prehn, K., Wartenburger, I., Mériau, K., Scheibe, C., Goodenough, O. R., Vill—ringer, A., van der Meer, E., & Heekeren, H. R. (2008). Influence of in—dividual differences in moral judgment competence on neural correlates of socio—normative judgments. *Social Cognitive and Affective Neuro—science.* 3(1), 33 — 46.

Reinicke, M. (2015): *Inclusion as moral challenge: the potential of the Konstanz Method of Dilemma Discussion (KMDD).* In Filosofia Publiczna i Edukacija Demokratyczna (Bd. 4 Numer 1, S. 88–101). Poznan.

Reinicke, M. (2016), MCT Survey

Richter, F. (2014): *Sächsische Zeitung vom 15.08.2014*

Robeck, J. (2012): *Von der Segregation über Integration zur Inklusion.* Neckenmarkt: Vindobona.

Saeidi–Parvaneh, S. (2011). *Moral, Bildung und Religion im Iran – Zur Bedeutung universitärer Bildung für die Entwicklung moralischer Urteils– und Diskursfähigkeit in einem religiös geprägten Land* [Morality, Education and Religion in Iran. On the Importance of University Education for the Development of Moral Judgment and Discourse Competence in a Religiously Shaped Country]. Doctoral dissertation, Department of Psychology, University of Konstanz.

Schillinger, M. (2006): *Learning environments and moral development: How university educations fosters moral judgment competence in Brazil and two German–speaking countries.*Aachen: Shaker–Verlag.

Schillinger, M. (2013). Verifying the dual–Aspect Theory: A cross–cultural study on learning environment and moral judgment competence. In E. Nowak, D. Schrader, & B. Zizek., *Educating competencies for democracy (S. 23 – 46).* Frankfurt am Mai: Peter Lang.

Stoiber, K.C., Gettinger, M., Goetz, D. (1998): Exploring factors influencing parents' and early childhood practitioners' beliefs about inclusion.*Early Childhood Research Quarterly,* 13(1), pp. 107-124.

Verne, L. (2013): Early childhood educator's beliefs about inclusion and perceived support. *UC Berkeley Electronic Theses and Dissertations.*

Vogel, T; Wanke, M. (2016): *Attitudes and attitude change.* London: Routledge.

Welzer, H. (2016): *Die smarte Diktatur.*Frankfurt am Main: Fischer.

Zisek, B., Garz, D., Nowak, E. (2015): *Kohlberg Revisited.*Rotterdam: Sense Publisher.

Internet resources

Boer, A. (2012): *Inclusion: a question of attitudes? A study on those directly involved in the primary education of students with special education needs and their social participation,* http://www.rug.nl/research/portal/files/141 20991/proefschrift.pdf (access: 18.05.2017)

Keller, M. (2005): *Moralentwicklung,* https://www.mpib−berlin.mpg.de/voll−texte/institut/dok/full/keller/Keller_Moralentwicklung_2005.pdf (Access: 20.05.2017)

Lind, G. (2008): *The meaning and measurement of moral judgment compe−tence,* http://www.uni−konstanz.de/ag−moral/pdf/Lind−2008Meaning measurement.pdf (Access: 18.05.2017)

Lind, G. (2011): *Moral Education,* http://www.uni−konstanz.de/ag−moral/pdf/Lind2011MoralEducationenglish.pdf (Access:18.05.2017)

Lind, G. (2013): *Medical education hampers moral competence development. Summary of research,* https://www.uni−konstanz.de/ag−moral/pdf/Lind−2013_Medical−education−hampers−moral−comptence.pdf (Access: 20.05.2017)

Lind, G. (2015): *Glossary,* http://www.uni−konstanz.de/ag moral/moral/glos−sary_engl.htm (Access: 18.05.2017)

Pope Francis (2016): *Conferral of the Charlemagne prize, Address of his Ho−liness Pope Francis. Sala Regia. Friday, 6 May 201,* http://w2.vatican.va/c ontent/francesco/en/speeches/2016/may/documents/papa−francesco_20160506_premio−carlo−magno.pdf (Access: 18.05.2017)

UNICEF Office of Research (2016): *Fairness for Children: A league table of inequality in child well−being in rich countries.* https://www.unicef−irc.org/publications/pdf/RC13eng.pdf (Access: 18.05.2017)

https://www.teschuwa−hausisrael.org/t475−mizwot−gebote−gesamtliste (Access: 09.01.2019)

Martina Rmieinicke

The author, a certified KMDD teacher herself, provides us with an insight into a method that, despite having been tested successfully for over 40 years now, still is a highly modern approach. She shows us how the potential of KMDD can also be applied to other teaching methods. After explaining the term "morality", she goes on to explain why it is necessary to teach morality in a clear and entertaining way. www.martina-reinicke.de

John Gyun Yeol Park

The author, a certified KMDD teacher, has applied KMDD session to Korean Moral Education. He is teaching at the Department of Ethics Education of Gyeongsang National University in South Korea. He standardized the MCT Korean version. http://cafe.daum.net/PeaceSecurity